HAND DRAFTING
for Interior Design
DIANA BENNETT WIRTZ KINGSLEY

室内设计手绘表现
线稿与马克笔技法

[美]戴安娜·贝内特·维尔茨·金斯利 著

陈 岩 胡沈健 郭 斐 译著

大连理工大学出版社

Hand Drafting for Interior Design
Fairchild Books
An imprint of Bloomsbury Publishing Inc
www.fairchildbooks.com
© Bloomsbury Publishing Inc,2014
PB:978-1-60901-997-6

Typeset by Precision Graphics
Cover Design Jeremy Tilston, Oak Studio
Text Design Cara David Design
© 大连理工大学出版社 2017
著作权合同登记06-2014年第147号

版权所有·侵权必究

图书在版编目(CIP)数据

室内设计手绘表现:线稿与马克笔技法 / (美) 戴
安娜·贝内特·维尔茨·金斯利著；陈岩,胡沈健,郭
斐译著. 一大连:大连理工大学出版社,2017.3 (2022.1重印)
书名原文:Hand Drafting for Interior Design
ISBN 978-7-5685-0655-7

Ⅰ.①室… Ⅱ.①戴… ②陈… ③胡… ④郭… Ⅲ.
①室内装饰设计—绘画技法 Ⅳ.①TU204

中国版本图书馆CIP数据核字（2016）第320627号

出版发行：大连理工大学出版社
　　　　　（地址：大连市软件园路80号　邮编：116023）
印　　刷：大连图腾彩色印刷有限公司
幅面尺寸：185mm×260mm
印　　张：12
字　　数：277千字
出版时间：2017年3月第1版
印刷时间：2022年1月第3次印刷
责任编辑：初　蕾
责任校对：仲　仁
封面设计：温广强

ISBN 978-7-5685-0655-7
定　　价：48.00元

电　话：0411-84708842
传　真：0411-84701466
邮　购：0411-84708943
E-mail：jzkf@dutp.cn
URL：http://dutp.dlut.edu.cn
如有质量问题请联系出版中心：0411-84709246　84709043

前言

素描艺术将永远不会被CAD完全取代，所以手绘不应该是一种日趋没落的艺术。我曾设想并相信这本手绘书会有不少需求者。现在，本书被美国多所高校采用。我在西雅图艺术学院的学生们，都非常渴望获得那种超强的手绘表现能力。有些人认为用CAD软件画图的效果就像刻在石头上一样，改起来比较困难，而手绘的草图看起来很有生机。你可以在上面加一张薄的描图纸（硫酸纸），然后迅速勾画出另一个替代解决方案。

本书特色

任何人都可以突然冒出一个想法，但将这种想法从大脑中提取出来并呈现在纸上是一种需要学习的技能。本书侧重于黑白和灰度中的二维图纸。如果你能够画二维的草图，就可以迅速表达你的观点。在本书中，你将学到透视图和素描日志会用到的所有技术，一些创意和实例的应用将会超出手绘草图的范畴。

- 本书增加了使用灰度图纸的想法，大大增强了图纸的表现力。
- 本书附录中的素描范例和使用工具，均为西雅图艺术学院的学生作品。
- 马克笔被用于展示建筑草图和设计图纸中不同灰度的层次。通过增加图纸的灰度层次可以非常简单地提升画面效果，本书为此使用了几种不同的技法，这些技法学生们可以轻松掌握。
- 线的粗细在图形中的重要性将讲解得更加详细，并用实例说明，所以学生们可以毫不费力地表明什么是前景，什么是背景。
- 本书增加了植物平面图和立面图的表现部分，这对于景观建筑系的学生们来说非常有用。

致谢

　　再一次感谢为这本书注入辛勤努力的人们。回顾过去的五年，我发现很多事情都已经发生了变化。写一本书并不会改变你的生活，但它确实让你觉得你可以完成比想象中更多的事情。在拿到营销学博士学位时，我认识到，如果集中精力的话，所有想做的事情自己都可以完成。

　　坐下来开始写书需要动力，因为我不再为西雅图艺术学院授课。但是一旦开始写书，你便会觉得它很有趣。我意识到我可以将这些素描日志和手绘草图用在我的油画创作之中。该技术可以快速呈现草图以及为客户迅速完成成品图纸。我利用各种暖灰色马克笔增加手绘草图的表现深度，并且开始了对先进设计类实验的探索。

　　希望你喜欢这本书的内容。

目录

第十章
外墙立面图

第十一章
剖面图

附录I
绘图日志

附录II
学生实例

专业词汇

第一章
绘图工具

　　作为室内设计师，我们需要把我们脑海中的想法和计划变成现实。为了做到这一点，我们必须能够有效地沟通想法和计划。使用本章中所描述的"绘图工具"，室内设计师能够通过手绘，在图纸上把自己美妙的想法传递到世界各地。

绘图工具的使用方法

整个学习过程的第一步是学会使用工具，你需要了解什么样的工具更适合你。如果在刚开始的时候你买的是好用的工具，这些工具将伴随你一生。在本章中，你将了解手绘的"绘图工具"，包括铅笔和目前手绘设计图中常用的笔芯硬度。

绘图工具包括：

1	比例尺	7	橡皮擦
2	丁字尺、平行尺、绘图仪	8	草图刷
3	绘图板	9	铅笔，木质或自动铅笔
4	三角板	10	绘图纸
5	圆规	11	砂磨块
6	模板	12	可塑橡皮

比例尺

比例尺是用来精确测量图纸以及用比例规范画图的工具。常用比例分别是1:100、1:200、1:250、1:300、1:400和1:500。在比例尺上，这些尺寸中的每一个刻度代表1 m在图纸上的大小。例如，1:100的比例就是指如果建筑物的尺寸是1 m的话，在图纸上的实际尺寸就是1 m/100=1 cm，即10 mm。如果图纸是

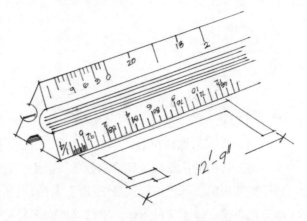

1:200的比例，建筑物的尺寸是1 m的话，在图纸上的实际尺寸就是5 mm。在使用比例尺时，一定要注意用对比例。通常在使用三棱比例尺时，只要使用的比例与比例尺所在一侧的标注相同，就不需要进行换算，即比例尺上的1个单位，就代表了实际尺寸的1 m。

> **小贴士** 比例尺只是看起来复杂，一旦你开始使用它，实际上是非常简单的。示意图借用了永久性标记和1/4"标记那一侧的比例尺，这样可以直观地看到运用比例尺的那一侧是我在工作中所使用的。

15 cm比例尺

15 cm比例尺是一个使用简单的小工具。我觉得很适合在布局平面图时使用。使用这种小规模比例尺避免了大比例尺翻转时的混乱。

▨ 丁字尺

丁字尺有不同的长度，从45 cm至120 cm不等，画图时应根据画板或桌子的大小挑选合适的丁字尺。丁字尺相对便宜，通常是金属或木质的，并带有透明塑料边缘。它需要用手按在你要画图的地方，因为如果不按住的话，当画到远端的时候丁字尺可能会移动。丁字尺便于携带，这使它很受设计专业的学生青睐。

小贴士 如果你的绘图板在边缘上出现小裂纹，可以将纸放置在绘图板的另一端边缘，画出的线也将是直的。

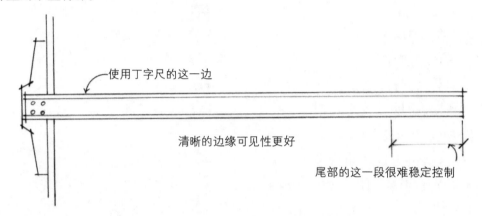

使用丁字尺的这一边

清晰的边缘可见性更好

尾部的这一段很难稳定控制

▨ 平行尺

因为更容易保持位置，所以平行尺（也称平行棒）与绘图仪一起使用也可代替丁字尺。将平行尺的滚轮放置到绘图板的平面上，允许直边以平行的方式上下移动，它总是平行于绘图板的顶部。平行尺易于使用，并且与丁字尺相比它允许移动杆向上和向下，所以画草图更快。像丁字尺一样，平行尺也有多种尺寸，从75 cm到150 cm不等。

滚轮允许平行尺跨越图纸表面轻松移动。透明塑料边缘可以很容易地看到你画的线条。

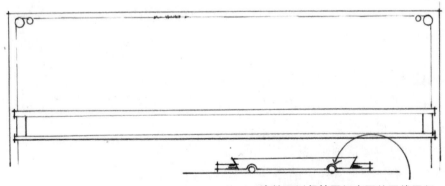

滚轮可以保持图纸表面的画线平行

◪ 绘图仪

绘图仪，也被称为草图机，结合了丁字尺和平行尺的优点。将绘图仪连接到绘图板或桌子上之后，它含有一个内置的比例尺叶片，所以你不必再用单独的比例尺进行测量。习惯用左手或者右手的人都可以使用绘图仪进行绘图。你可以通过按压解锁来转动绘图仪的头部，然后利用绘图仪手臂的夹角画图，类似于使用三角板。

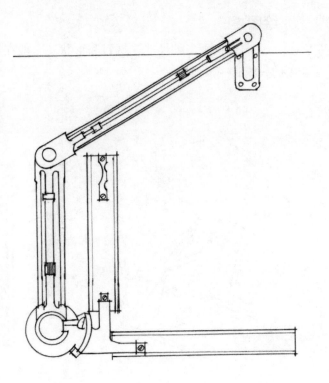

有两种类型的绘图仪：

1　臂式绘图仪有中间旋转的两条机械臂，机械臂可以延伸到绘图板或桌子顶部。

2　轨道式绘图仪与绘图板连接，在绘图板的顶部有一个横向的轨道，垂直臂可以沿着此轨道左右移动。

小贴士 当第一次开始在绘图板上画图的时候，我使用的就是平行尺，我背着它来回上课。当我发现画出的线变得松散时，就必须拧紧平行尺，以使它保持平直，所以后来我又换回使用丁字尺画图。再后来，我在自己的办公室里放了一个绘图仪，也称草图机。

◪ 绘图板

绘图板有各种各样的形状和尺寸。学校经常建议学生买一个较轻的绘图板在课堂使用。在家里，可以使用绘图桌或者速写板画图，这也是一个好的解决方案。绘图板有一个可调的顶部，这样就可以在工作时，找到一个你认为最舒适的角度。在互联网上搜索，你会找到想要的绘图板的型号。

绘图桌

绘图桌也有多种尺寸、材料和形状。一般在桌子的一侧有一个浅抽屉。

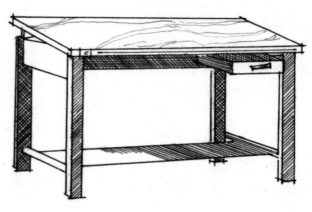

三角板

三角板一般都是透明的防刮亚克力材质，为使用者提供一个清晰可见又不失真的绘图条件。三角板也有各种的尺寸，有45°和90°，30°和60°，我喜欢的是可调三角板，它可以在0至45°之间调整。

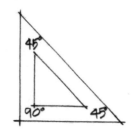

45° 的三角板

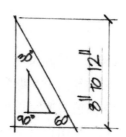

30° ~ 60° 的三角板

可调三角板由一个翼形螺钉和一把可移动的尺子组成，可调整不同的角度。可调三角板方便用于绘制各种倾斜线，例如，成角度的家具或楼梯。

大三角板对于画垂直线是很好的选择，可以放置于丁字尺的边上画垂直线。小三角板更适合于书写或标记图纸的详细影线。

你可以用三角板绘制更长的线或平行线。你也可以结合三角板绘制不同的角度，但我觉得可调三角板是最适合的。

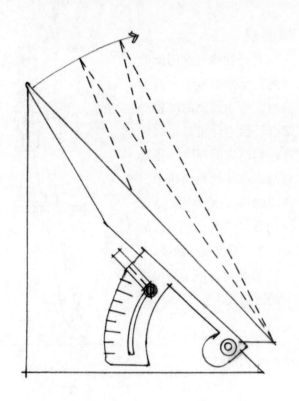

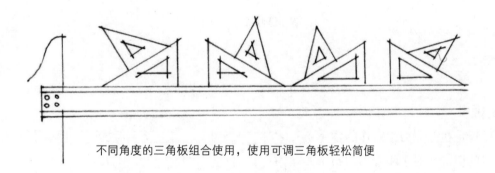

不同角度的三角板组合使用，使用可调三角板轻松简便

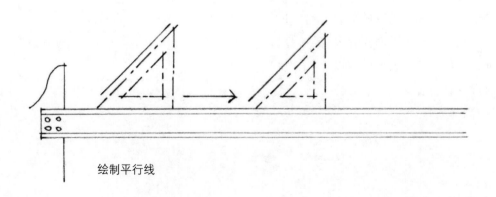

绘制平行线

▨ 圆规

选择圆规在画圆圈的时候是十分必要的。圆形模板在画小圆圈的时候最适合，因为你可以更有效地控制笔尖的压力。很难对圆规施加均匀的压力。使用F铅笔会使你的圆规画出的效果最好，而H铅笔或将难以画出很亮的线。

延伸臂有助于画出更大的圆圈。

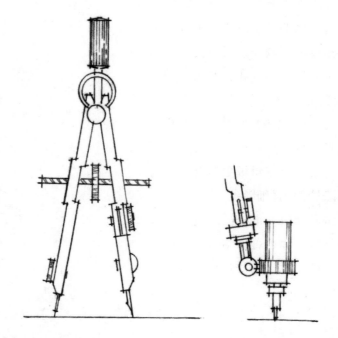

用于圆规笔尖的附件

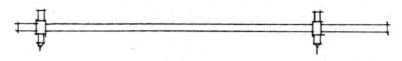

增加延伸臂可以画大圆圈

▨ 模板

模板是在亚克力中制作的预定形状的切口，对于刚开始的布局是非常有用的。例如，圆形模板有不同大小的圆，它们可用于门、桌子、艺术品、植物的平面布置，以及各种在画图时需要表现的元素，如厨房设备、洗浴设备、客厅家具、卧室家具、办公家具等等。

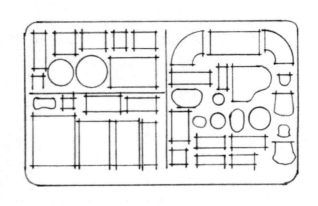

画建筑图纸常用的模板范围从0.3 cm至
0.6 cm。许多刚开始从事设计的专业学生，
在绘画过程中没有使用模板来展示家具和设
备的平面图。模板仅仅是个开始，它应作为
一个指南，帮助绘制家具平面。设计师应该
使用本书插图所用的手绘技法，画出美观精
致的手绘图，并使技术细节图文并茂。

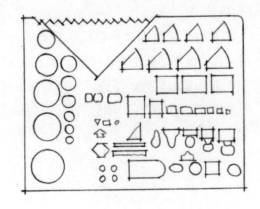

橡皮擦

铅笔草图最大的一个优点是能够消除错误。铅笔
草图的缺点之一是，不是所有的问题都可以很容易地擦
除。橡皮擦有各种形状和大小，尝试不同的橡皮擦，看
看哪种最适合你使用。

好用的电动擦除机可能是你的新朋友，你可以使用
电池供电的擦除机或充电擦除机。

可塑橡皮应用的范围更广。

粉色橡皮和白色橡皮在艺术用品商店和手绘用品商
店都能够买到。

擦图片可能是一个小的设备，但它可以在你画设
计图纸的过程中发挥巨大作用。擦图片是一个矩形的金
属片，带各种异形孔，放置在你的图中可以协助消除错
误。当用电动擦除机的时候，它可以有效地保护你的图
纸。

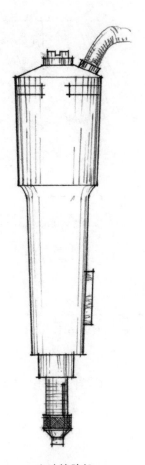

电动擦除机

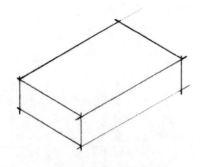

粉色橡皮或白色橡皮

▨ 草图刷

保持你的画面干净是极为重要的。当擦图时，需要使用你的草图刷擦去多余的石墨。我觉得草图刷越柔软就越容易保持清洁。

草图粉可以在画草图时用作附图的保护涂层。但草图粉有时也会制造麻烦，如果使用太多，你画的线条可能会跳过。它可以更安全、更容易地把图纸已经完成的部分保护起来。

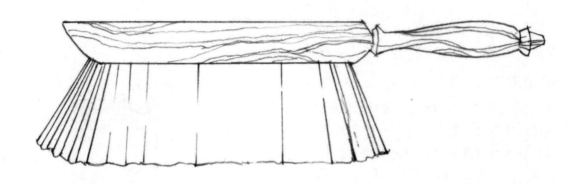

▨ 铅笔

有许多类型的铅笔适用于绘图。

铅笔的型号范围从9H到6B，如下图所示。

硬铅								中性						软铅
9H	8H	6H	4H	3H	2H	H	F	HB	B	2B	3B	4B	5B	6B

设计绘图用的铅笔通常为4H到B。

任何太坚硬的笔都会戳破绘图纸，而太柔软的铅笔会弄脏绘图纸。

▨ 不同硬度铅笔的使用

4H铅笔坚硬致密，适合在图纸的初始布局时使用，以便于稍后深入刻画细节。4H铅笔画出的线会很光亮，比较难以阅读，并且不利于在图纸上复制。了解了这个信息，"手重"的人应该小心使用。如果过于用力，就会戳破绘图纸或在你的绘图桌上留下痕迹。

2H铅笔很适合在图纸上填充细节。它适用于最后的成图，但需要在使用时有一定的压力。如果用力太小的话，很难画出效果，而用力太大，也会戳破图纸。可以用此型号的铅笔绘制详细的家具和填充平面图的墙体。如果绘制时用力过大，2H铅笔也难以擦掉。

H铅笔对于画图来讲是一流的画细线铅笔。H铅笔可用于给窗户或镜子上阴影，这部分内容将在后面的章节中详解。如果你的手不重，它也可以用来填充墙体，并绘制地毯、植物，以及任何其他对象的细节部分。

F铅笔是我最喜欢的铅笔。如果仔细涂抹，你可以用它画出最黑的线条却不会有太多的污迹。可以使用F铅笔写字、画墙，并完成家具的外轮廓线。

HB铅笔更多的时候是被用在准备晒蓝图的图纸中，因为它可以在蓝图上显示得很明显。它可用于画细线或书写文字，但它也很容易弄脏图纸，因此使用的时候应该更加小心。

B铅笔非常柔软，可以绘出令人印象深刻的阴影。相对于制图，它更适合用于素描和绘制方案草图。

▨ 机械铅笔

机械铅笔使用直径2 mm的铅芯,可以通过按钮控制铅芯的长度。铅芯可以在不使用时缩回去。机械铅笔可以使用不同硬度的铅芯，笔尖可以用转笔刀削尖。

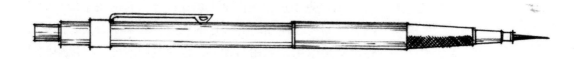

▨ 自动铅笔

自动铅笔一般使用0.3 mm、0.5 mm、0.7 mm和0.9 mm直径的铅芯：

- 0.3 mm可以画出细线，但它们很容易折断。
- 0.5 mm是最常用的，因为它们相对坚硬。
- 0.7 mm和0.9 mm的铅芯更适于素描和写字。

自动铅笔和机械铅笔一样使用按钮控制铅芯的长度，因为它的铅芯很细，所以不需要进行削尖。我觉得用自动铅笔画线条不是很好控制，因此我更喜欢使用木铅笔。

木铅笔

木铅笔一直是我画图的最佳选择。我觉得使用木铅笔能够与图纸之间进行更好的交流。有很多品牌的木铅笔可供选择，你可以尝试不同品牌的木铅笔，看看哪个品牌的笔用起来最舒服，能够画出最美的线条。例如，火星牌是我多年来一直使用的品牌。每画几笔之后就需要削尖木铅笔，过去有人建议将木铅笔头部削尖2 cm的长度，然后用转笔刀或砂纸将笔尖细化，我发现电动转笔刀的效果更好。

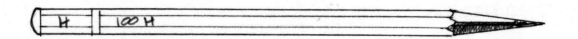

当然，这些推荐都是我个人对绘图铅笔风格的喜好。正确使用这三种铅笔——木铅笔、自动铅笔和机械铅笔——能产生优美的线条，提升你的绘图品质。试试每种铅笔的不同风格，看看哪一种最适合你自己。

小贴士　当你在画长线的时候，一定要在你的拇指和食指之间转动你的铅笔，并稳定地施加压力。它会令你的图纸相对比较干净、整洁，避免像初学者那样总是画出模糊的线条。一定要记得及时削铅笔，削铅笔的频率应该至少是你估计的两倍。

铅笔线条的粗细

线条和线的使用是手绘图的精髓。了解不同的线条在图纸中所代表的意义将非常重要。如果你掌握了如何使用不同的线条，那么画起图来会更加节省时间，同时会令看图的人快速理解它们。

所有的线条都应该均匀致密，不模糊，使图纸更容易阅读和复制。每一个铅笔芯在生产时都会略有差异，相同型号的铅笔如果品牌不同，也会差异很大。例如，同样都是H铅笔，绿松石牌和火星牌就略有不同。

线的类型

● 实线用来表现物体的轮廓，如平面图的边缘线，而线越深，表示空间被限定得越多。

● 虚线表示图中被隐藏的部分，如厨房的吊柜通常会用虚线表示。

● 中心线，由长虚线表示；轴线，由短虚线或点划线表示。

● 瓷砖和木地板的交叉网格线很适合用H或2H铅笔绘制。

硫酸纸

硫酸纸是一种高质量的透明纸，用铅笔在上面作画很方便，也很容易被擦除。硫酸纸上的铅笔草图非常易于复制。这种纸也很适合使用墨水笔，墨水在上面不会扩散。

边缘线

细节线

补充细节线

虚线

中心线

网格线

主要线
用F或H铅笔

次要线
用H或2H铅笔

网格线或布局线
用H、2H或4H铅笔

我最喜欢的工具

有几种工具是我个人每天都使用的，它们让我画起图来更快、更简洁、更高效。我最爱的这些工具描述如下。

▨ 擦图片

擦图片是画好图纸的功臣，在起始阶段你很难发现它的价值。擦图片有各种大小和形状，一旦学会了如何使用，你就会发现它们的宝贵之处！擦图片的构造很简单，是一个很薄的不锈钢片。它可以在你使用电动擦除机清理特定区域时，有效地保护图纸表面。我喜欢擦图片的原因是，它可以轻松有效地纠正自己的错误。

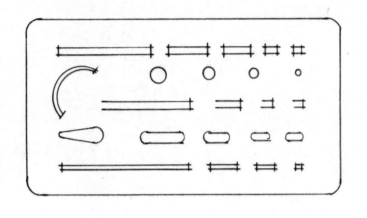

▨ 砂磨块

砂磨块是一块底部钉着砂纸的木板。它用于将铅笔尖磨成圆锥形或易于书写的角度。无论是自动铅笔、机械铅笔还是木铅笔，要想写出优秀的文字，都必须使铅笔的笔尖与图纸保持良好的角度。

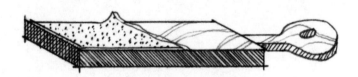

不要让你的铅笔尖太粗，否则画出的线条将变得模糊。你可以利用砂磨块在一个非常尖锐的点上保持铅笔尖的锐度。

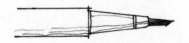 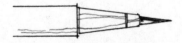 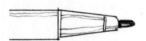

▨ 可塑橡皮

我最喜欢的橡皮是可塑
橡皮。使用前，你一定要好
好揉捏它。可塑橡皮清洁表
面很好用。

可以通过拉伸或揉搓使表面变干净

我有一个关于卷起图纸的小窍门。

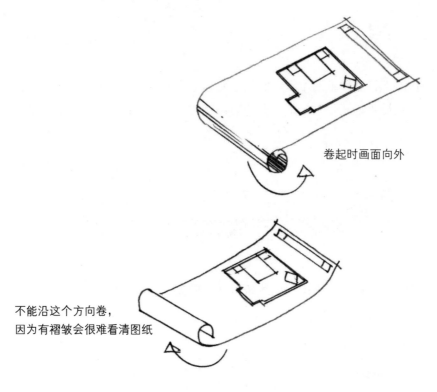

卷起时画面向外

不能沿这个方向卷，
因为有褶皱会很难看清图纸

标题栏的设计

 标题栏应该是简单而明确的，并清楚地表达出你要画什么。通常，标题栏出现在图纸底部或右侧，可以水平或垂直绘制。

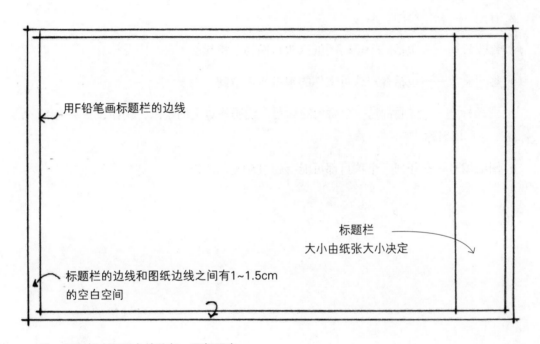

注：标题栏在图纸文档的每一页都要有。

标题栏应包括以下信息：

- 设计公司的名称——这应该用一种大的字体，包括标志、地址和其他联系信息。

- 艺术家或设计师——包括姓名和联系方式。

- 项目——包括项目名称、位置信息，如果可以的话也应该包括委托人或所有者。

- 比例——注意绘图的比例。

- 绘图员——如果有些是绘图员而不是设计师，那么应该包括他或她的姓名。

- 日期——初始绘图日期。

- 修改日期——包括六个填写图纸修改日期的空格栏。

- 客户验收——包括客户认可文件的审批签名空间。

- 图纸标题——这通常是一个简短的标题，说明该页上的绘图，例如，"平面图"，"标高"等具体名称。

- 图纸编号——任何一个项目都可能有超过50页的图纸。

室内设计手绘表现
线稿与马克笔技法

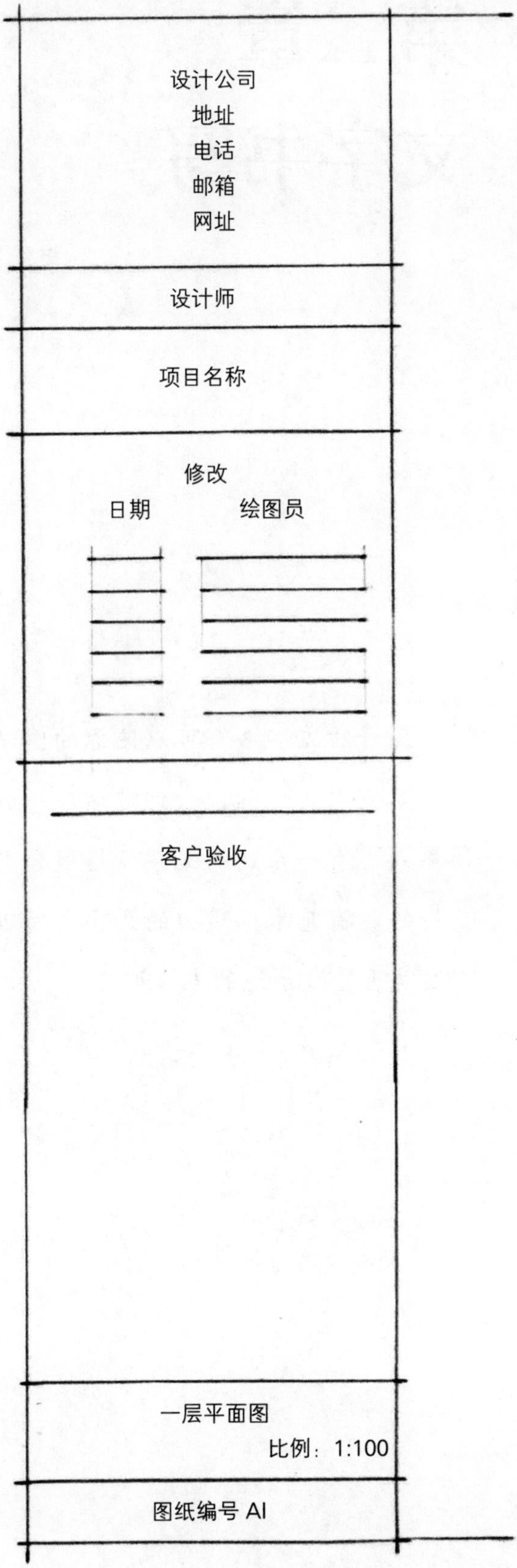

设计公司
地址
电话
邮箱
网址

设计师

项目名称

修改

日 期   绘图员

客户验收

一层平面图
比例: 1:100

图纸编号 AI

第二章
文字书写

　　良好的文字书写可以使你的图纸令人印象深刻。作为一名室内设计师，我们应该在一开始就学会专业的书写格式。有一系列的文字风格适合与手绘图搭配使用。良好的具有艺术感染力的文字书写可以展现您的喜好，以及是否受过系统的专业训练。

普通的书写字体

本章将告诉你写好文字的基本知识以及分享一些优秀的手写字体。我们应该首先了解常用的书写注意事项：

- 在书写时所有字母都应该大写。
- 书写时应该画定顶部和底部的辅助线，使其具有一定的统一性。
  - ——可以用削尖的4H铅笔画辅助线，因为它是硬性铅笔，可以画出非常细的线。
  - ——辅助线不需要被擦除，它们也是设计的一部分。
- 9磅的文字被认为是标准的。
- 行与行之间的空隙也应该是9磅。
- 使用三角板的垂直线条书写应超过9磅。
- 你的手写能力可以通过以后的练习得到提高。
- 连体字或俏皮字是不恰当的。
- 可以使用书写仪器来规范辅助线的设定。
- 18磅的文字或无衬线字体是用在标题栏的。
- 书写要做到竖细而横粗。这将在本章后面详细解释。

发掘自己的书写风格是愉快而有趣的，你可以在合适的范围内尝试许多不同的书写风格，直到找到一个行之有效的风格为止。本章首先用插图的形式说明基本字体。如果你一开始学会了书写基本字体，你就可以很快适应，并将其改变成你自己的书写风格。书写与其他事情一样，如果你了解它的工作原理，就可以充分地掌握它。

基本字体

基本上所有的字母都是方块形的，并且大小相同。
只有W和M稍微有点宽。

ABCDEFGHIJKLMNO
PQRSTUVWXYZ

在这个基本格式的基础上，你可以添加我所说的"个性"。

小贴士

在书写时，不要给I或J加尾巴。

I J

为了表现个性，可以在书写文字时将中心向上或向下偏移。

FORM EVER FOLLOWS FUNCTION

FORM EVER FOLLOWS FUNCTION.
LOUIS HENRY SULLIVAN

不要在每种字体的书写风格中变化，仅仅是改变字体的上部或下部。

居上部

请注意B、K、P、R和S的中心线偏高。

ABCDEFGHIJKLMNO
PQRSTUVWXYZ

居下部

请注意相同字母的中心线偏低。

ABCDEFGHIJKLMN
OPQRSTUVWXYZ

另一种改变基本字体的方式是使字母的水平线条倾斜。

ABCDEFGHIJKLMNO
PQRSTUVWXYZ

小贴士

- 保持倾斜的角度一致。
- 字母Z 的上下边线保持水平，并不带倾角。
- 垂直线应该画到辅助线上。

ALL ART IS BUT IMITATION
OF NATURE.

LUCILIUS ANNAEUS SENECA

▨ 多种变化

倾斜的字母不同,
保持倾斜角度相同是比较困难的部分。

另一个版本使直线字母变窄,圆的字母加宽,
圆形字母可以大一点。

ABCDEFGHIJKLMNOPQ
RSTUVWXYZ

弗兰克·劳埃德·赖特采用宽间距、窄直线和宽圆字母,与上面相似。他还设计了装饰艺术字体。

ABCDEFGHIJKLMNO
PQRSTUVWXYZ

我的个人风格是以上几种风格的综合。

ABCDEFGHIJKLM
NOPQRSTUVWXYZ

室内设计手绘表现
线稿与马克笔技法

更多的变化

改变一种风格，无需变化很大。

ABCDEFGHIJKLMNOPQRS
TUVWXYZ 1234567890

学生们通常喜欢添加大量的曲线。

ABCDEFGHIJKLMNOPQRST
UVWXYZ 1234567890

记住，这不是一种新风格！

学生们设计的字母通常有一个较大范围的偏差，
在设计你的字体时应确保所有的字母都有凝聚力。

HERE IS ANOTHER STYLE YOU
MIGHT WANT TO ADAPT TO USE.

ABCDEFGHIJKMNOPQRS
TUVWXYZ 123456789

有时只是改变一点儿外表，如偶然延长一个字母，就会令它焕然一新。

YOU CAN HAVE FUN
WITH LETTERING.

ABCDEFGHIJKLMNOPQRSTUVWXYZ
1234567890

ABCDEFGHIJKLMNOPQRSTUVWX
YZ   1234567
LETTERING STYLE
THIS IS A FUN AND DIFFERENT
STYLE.

HAVE FUN
WITH
YOUR STYLE.

粗体字

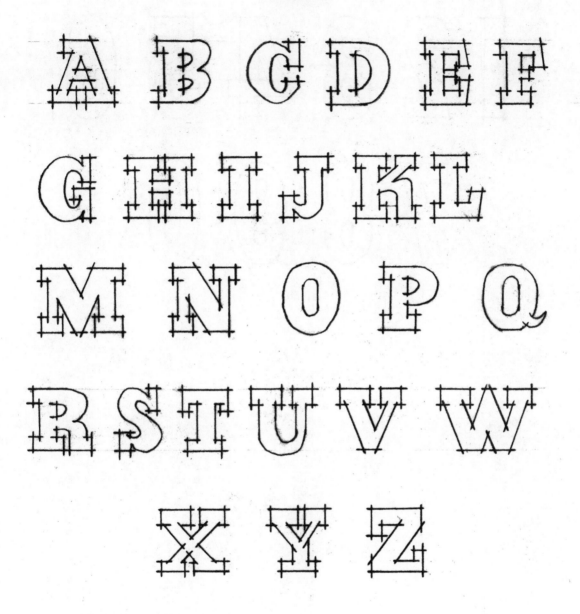

如上图所示的字母，可以在项目名称、标题栏中使用。

最好是先在其他纸张上练习，然后描在你的图纸上。

粗体数字

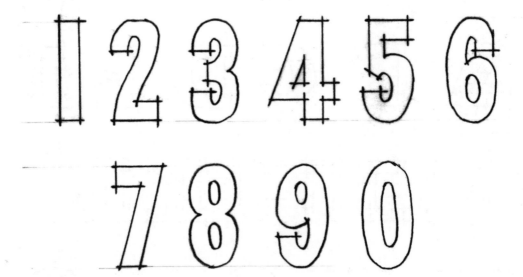

室内设计手绘表现
线稿与马克笔技法

正确的书写

- 先画垂直线的第一个确认点。
- 然后绘制水平线，用笔尖横切处的扁头部分绘制。

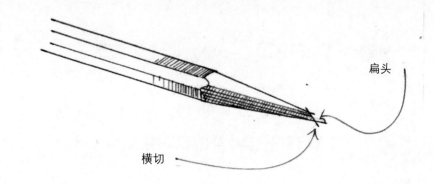

- 在每行的开头和结尾加重点（重压变黑）。

_____

尤其是字母，

ABCDEFGHIJKLM

查看大图。

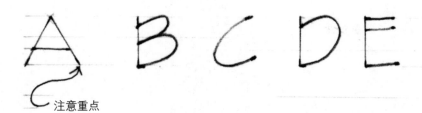

错误的书写

在书写字母时，会有这些错误的例子呈现出来：

- 不要让你写的字母太宽。

TOO WIDE

- 或太窄。

TOO NARROW AND CLOSE

- 或太近。

TOO CLOSE

- 或太潦草。

TOO SLOPPY

- 不要最后写你的文字，这样会弄脏图纸。

IT WILL SMUDGE

不要忘了要勤加练习！

第三章
窗户、墙壁、门的平面图

画窗户、墙壁和门的平面图时，应该遵循清晰、简单、易于理解的原则。本章包括步骤插图，教你如何绘制室内装饰设计和施工常用的窗户、墙壁和门。

作为一名室内设计师，我常常为我的客户进行改造设计和补充设计。一旦我的设计图纸完成了，如果有任何墙体的移动，我会坚持聘请工程师或知识渊博的承包商，以确保我没有移动任何承重墙。

这是一个非常简单的章节，但它却是非常有必要的。

手绘窗户

窗户可以用简单方式绘制出来。

1 用F铅笔画墙壁，固定窗可以用H铅笔画一条线表示

2 与绘制固定窗一样，在中心用H铅笔画出两条线表示双悬窗

3 画出扩展窗台

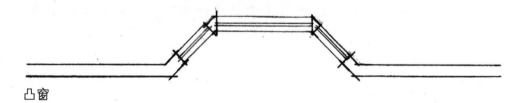

凸窗

墙壁

相比建筑图集而言，室内设计图纸中的墙体绘制相对来说要简单一点。

普通隔墙一般都是按照厚度为120 mm或者240 mm绘制。

外墙或承重墙一般都是按照厚度为370 mm绘制。

▨ 建筑墙体

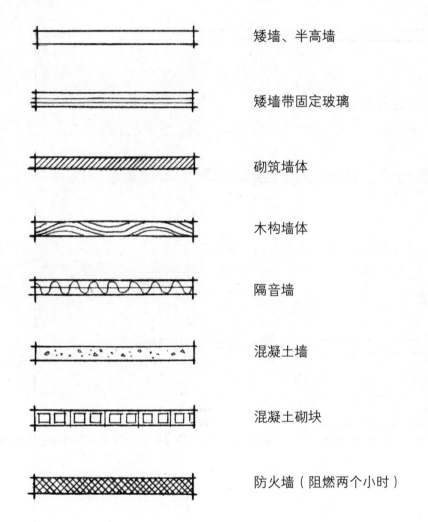

矮墙、半高墙

矮墙带固定玻璃

砌筑墙体

木构墙体

隔音墙

混凝土墙

混凝土砌块

防火墙（阻燃两个小时）

◪ 室内隔墙

室内设计师常用填充的墙体展示图纸。

填充（POCHE'）法语的字面意思是"口袋"。

在室内设计图纸中，我们需要填充墙体、楼层平面图以提高可读性。

◪ 如何绘制填充墙

用F铅笔画出墙体轮廓线，再用H或2H铅笔填入细节。

正确的

不要让线条太深或令线条间的距离太远。

错误的

看它与上一张图的区别，上一张图看起来好很多。

◪ 墙角的画法

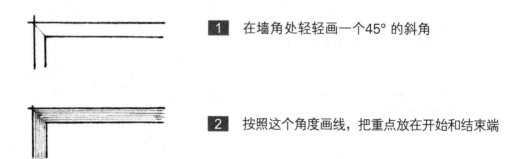

1 在墙角处轻轻画一个45°的斜角

2 按照这个角度画线，把重点放在开始和结束端

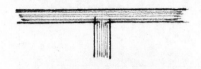

3 对接需要填充的短墙到长墙上

4 这是更具有前瞻性和自由性的墙体填充方式

5 就我个人喜好而言，这种风格似乎太平淡、枯燥

门的画法

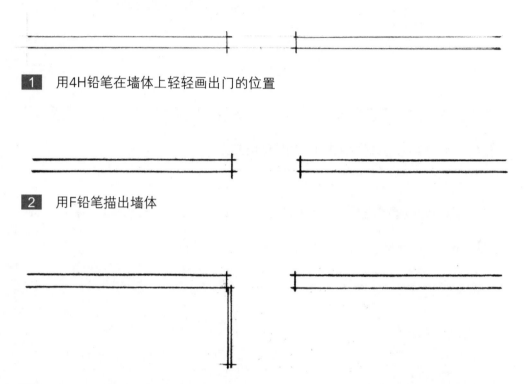

1　用4H铅笔在墙体上轻轻画出门的位置

2　用F铅笔描出墙体

3　要将门按比例绘制成与实际开口宽度一样大的尺寸，如果门是800 mm宽，就应该在墙上按比例绘制成800 mm那么长。用H铅笔绘制门，门要画在开启方向内侧2~3 mm处，以适应向内打开

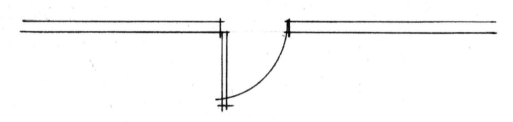

4　再用H铅笔和圆形模板绘制出门的摆动轨迹

▨ 法式门

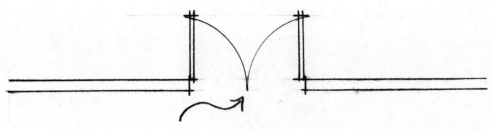

法式门的绘制与单门一样，门必须是居中设置的。请注意，门摆绘制在墙壁的底部，交叉角如图所示

▨ 推拉门

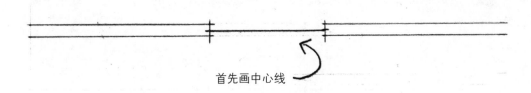

首先画中心线

1 画出墙体和门洞的位置，墙一般都是画成200 mm厚

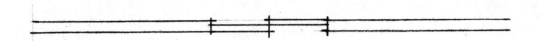

2 把要绘制的门分在两侧，尽你最大的可能去平均绘制每个门扇

3 另一种风格的推拉门

▨ 折叠门

折叠门可以有几种不同的画法。

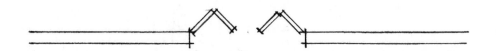

1　门折叠成45°，画出每个门扇的适当宽度尺寸

2　门折叠成12.5°，这种设计与上一种的画法是一样的，但产生的效果不同

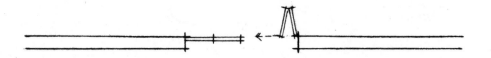

3　单侧闭合

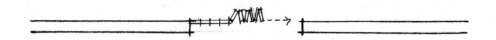

4　手风琴式折叠门

室内设计手绘表现
线稿与马克笔技法

▨ 暗藏推拉门（伸缩门）

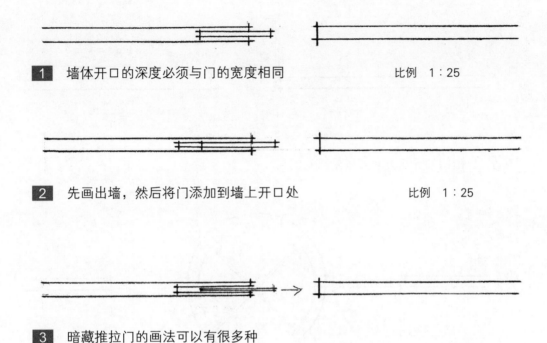

1 墙体开口的深度必须与门的宽度相同   比例 1 : 25

2 先画出墙，然后将门添加到墙上开口处   比例 1 : 25

3 暗藏推拉门的画法可以有很多种

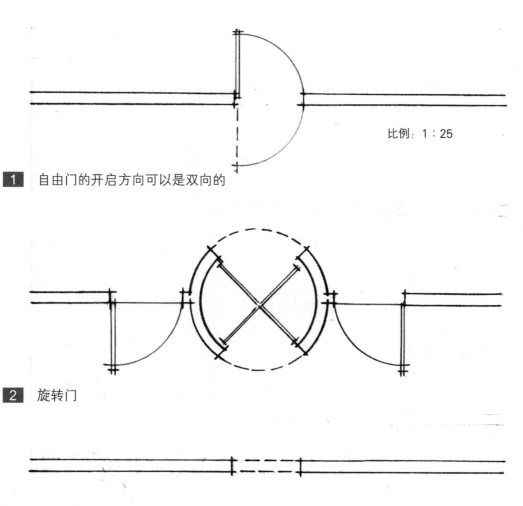

比例：1：25

1 自由门的开启方向可以是双向的

2 旋转门

3 门洞口

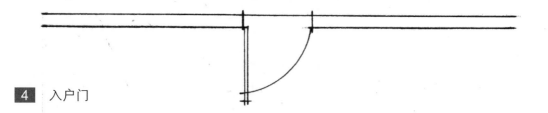

4 入户门

窗户、墙体和门

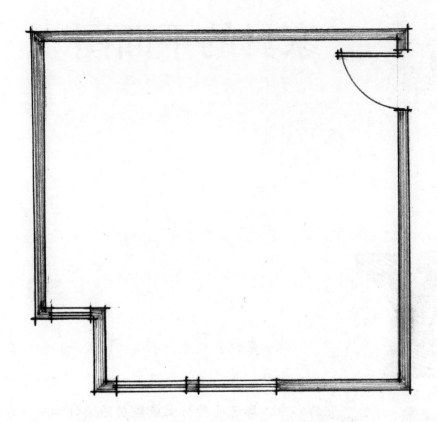

小贴士

1. 外墙是用较黑的F铅笔绘制的。

2. 填充的内侧墙画得较轻，使用H或者2H铅笔即可。

3. 门和窗户的绘制使用H或2H铅笔。

4. 门摆轨迹的绘制使用圆形模板以及H或2H铅笔。

第四章
家具的平面图

你如果想要成为一个成功的设计师，就必须成为一个成功的销售人员。如果不能把你的想法或设计卖给你的客户，那还能称得上是成功的设计师吗？在画平面图时，可以将家具按照你想要的风格进行设计，这会令你的图纸更具魅力。

在本章及接下来的章节中，将告诉你如何用艺术作品的方式绘制室内平面图和立面图。你的客户会被你的想法和创意打动的。

椅子

1 大多数椅子的尺寸为600 mm×600 mm，
用丁字尺、三角板，以及2H铅笔画一个正方形

2 用F铅笔绘制外轮廓，
用4H铅笔添加两条横线表示椅子靠背和头枕

3 画出椅子内部造型的线条轮廓，
一定要注意交叉角

4 徒手绘制靠垫，
像绘制一个沙发平面一样绘制它，
这两条线要连接着两端并且横跨中心

5 徒手绘制座椅前端的柔软的曲线

6 徒手用F铅笔绘制圆形的转角

7 使用圆形模板画一个四分之一圆，
用2H铅笔画线将内部填满

这虽然看起来很复杂，但事实上画起来非常简单快速。

▨ 多种方形椅子

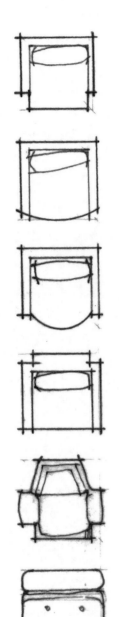

1 缩短原始椅子的扶手长度

2 画出同样的椅子，在前方改用圆弧

3 或者就在椅子的中心画弧

4 减少绘图工具的使用，全部或者部分徒手绘图

5 经典的埃姆斯椅需要徒手画一部分，你可以画任何尺寸的椅子，更小或更大

6 仅用几条线就可以画出一把小吧椅

小贴士
休闲椅的尺寸为600 mm × 600 mm。

室内设计手绘表现
线稿与马克笔技法

▨ 小方椅

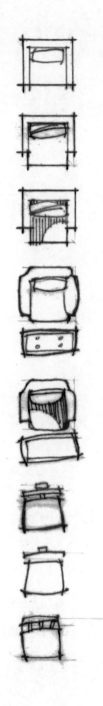

1 较小的500 mm × 500 mm的椅子通常用在餐厅

2 小处的修改使椅子的样子大不同

3 添加阴影

4 环绕扶手并添加了土耳其式脚踏的休闲椅

5 徒手添加阴影，使外观看起来不同

6 给办公椅后面加一个靠背

7 添加靠背的效果

8 让它看起来贴合的效果

小贴士

办公椅尺寸通常为400 mm × 400 mm以上。
餐厅椅子的尺寸通常为450 mm × 450 mm以上。

休闲椅/办公椅

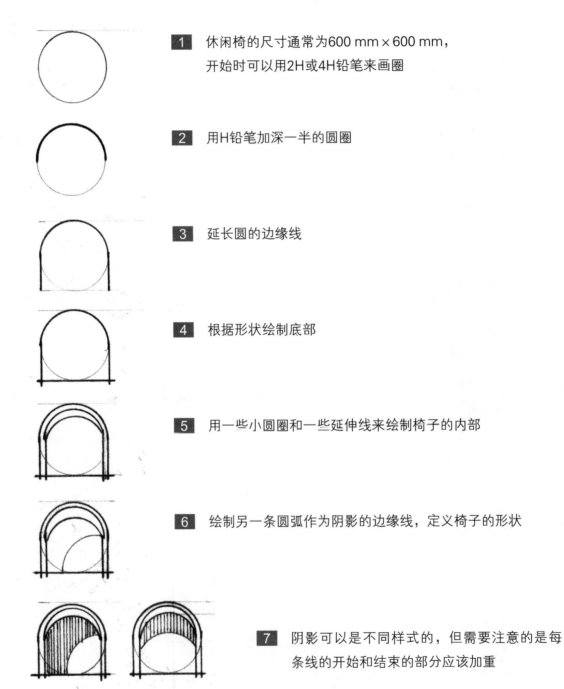

1 休闲椅的尺寸通常为600 mm×600 mm，开始时可以用2H或4H铅笔来画圈

2 用H铅笔加深一半的圆圈

3 延长圆的边缘线

4 根据形状绘制底部

5 用一些小圆圈和一些延伸线来绘制椅子的内部

6 绘制另一条圆弧作为阴影的边缘线，定义椅子的形状

7 阴影可以是不同样式的，但需要注意的是每条线的开始和结束的部分应该加重

▨ 椅子的变化

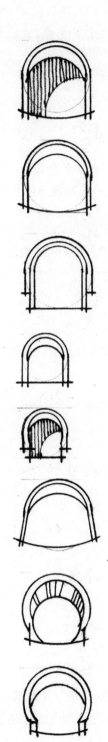

1　绘制一条圆弧作为椅子的边缘线，徒手画出阴影，增添柔和的外观效果

2　更短的椅子的画法

3　增加直扶手的同样椅子的画法

4　通过使用模板中小一号的圆形工具，可以画出小一点的椅子

5　你可以为椅子增加各种不同的扶手和阴影

6　使用可调三角板将扶手向两侧扩大10°，这样可以令椅子外观变得不同

7　另一种圆形椅子的外观和阴影

8　不添加阴影

▨ 沙发的画法

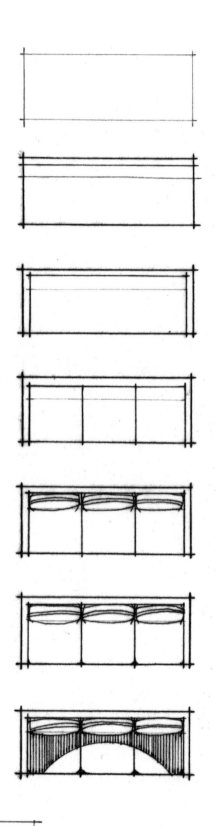

1 使用三角板、丁字尺和2H铅笔绘制出一个矩形

2 使用F铅笔描出矩形轮廓，用4H铅笔在矩形内画两条横线，一条线表示沙发靠背，另一条线表示沙发头枕

3 用H铅笔画出沙发靠背的内部轮廓线条，注意一定要画出交角

4 根据沙发的尺寸和设计风格，将其分为三个或者两个部分

5 使用H铅笔徒手绘制头枕

6 使用F铅笔徒手绘制转角

7 使用圆形模板和H铅笔画一条圆弧，最后徒手画出垂直线，沙发就完成了

▨ 沙发的变化

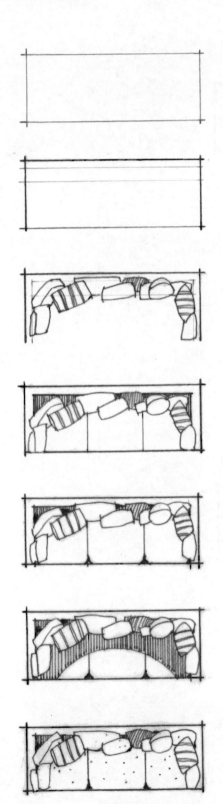

1 可以通过简单的修改，使沙发变得更有趣

2 用F铅笔绘制外轮廓，
用4H铅笔添加两条横线来代表沙发靠背和头枕

3 用H铅笔绘制靠垫，
这很有趣！

4 将沙发分为三个或两个部分，
将靠垫后面的空间涂黑

5 用F铅笔徒手绘制沙发的转角，
这样就算完成了，也可以继续添加阴影

6 用H铅笔画圆弧，
用深色竖线画阴影，
注意要加重圆弧结尾部分的线条

7 使用小点来表现织物的纹理

小贴士

沙发的坐深大于800 mm。

▨ 更多的沙发

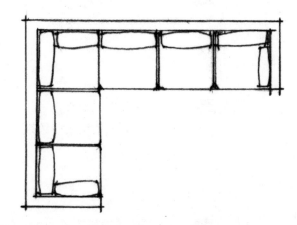

1　组合沙发的绘制方法类似于普通沙发

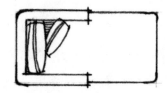

2　美人榻

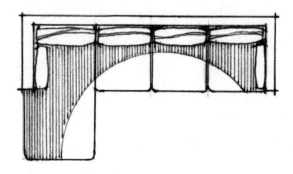

3　带美人榻的沙发，
请注意阴影增强了图纸的效果

如果要绘制圆形的沙发，你需要给膝部留出足够宽敞的空间。

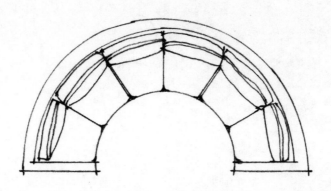

这个尺寸比较合适

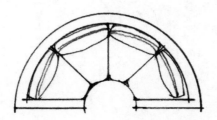

这个尺寸不行，虽然在图纸上看起来不错，但是坐下去后几个人的膝部会"碰撞"

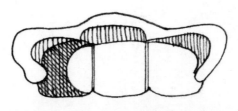

古典主义或维多利亚风格的沙发

桌椅的画法

几把椅子围着一张桌子，这类组合可以使用下面的画法。

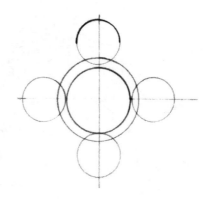

1 使用圆形模板画出椅子的间距

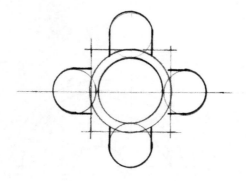

2 开始添加细节信息

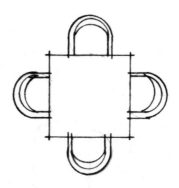

3 按照前文说过的方法一点点完成细节

其他的桌椅组合

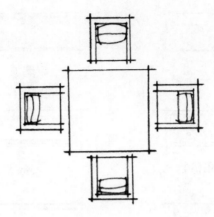

1 按照前文提到的方法画出椅子，椅子并不一定要插入桌子的下面

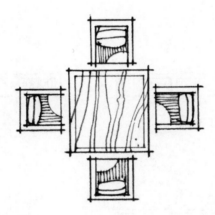

2 可以增加各种有趣的细节

办公家具

书柜

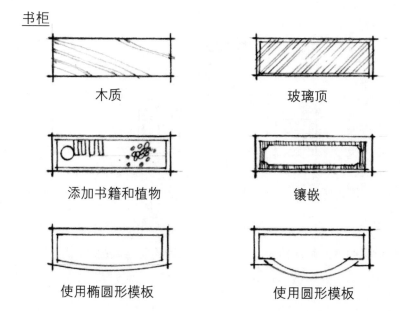

木质

玻璃顶

添加书籍和植物

镶嵌

使用椭圆形模板

使用圆形模板

书架

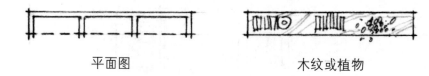

平面图

木纹或植物

书柜和书桌组合

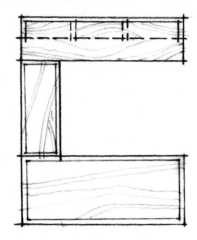

更多的办公家具

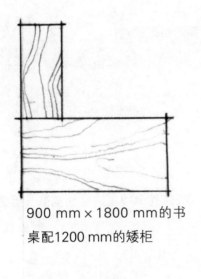

900 mm × 1800 mm的书
桌配1200 mm的矮柜

环绕在1100 mm空间之间

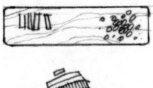

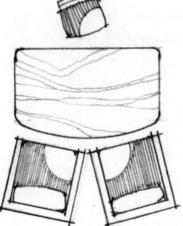

弧形办公桌配2把客户椅的组合

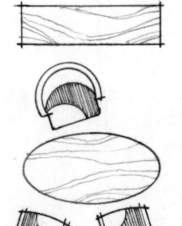

椭圆形书桌配2把小椅子的组合

床的画法

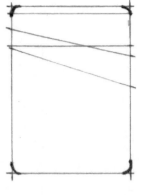

1 手绘床的外轮廓，
徒手画出床的转角

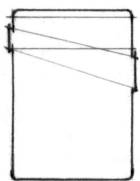

2 加深外部轮廓线，注意加宽被子折叠区域

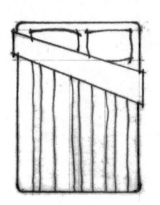

3 用徒手线条画出枕头，
添加你所选择的设计细节

床的参考尺寸：

单人床	1000 mm × 1900 mm
双人床	1350 mm × 1900 mm
大床	1500 mm × 2000 mm
特大床	1900 mm × 2000 mm
加大号床	1900 mm × 2200 mm

▨ 床的设计创意

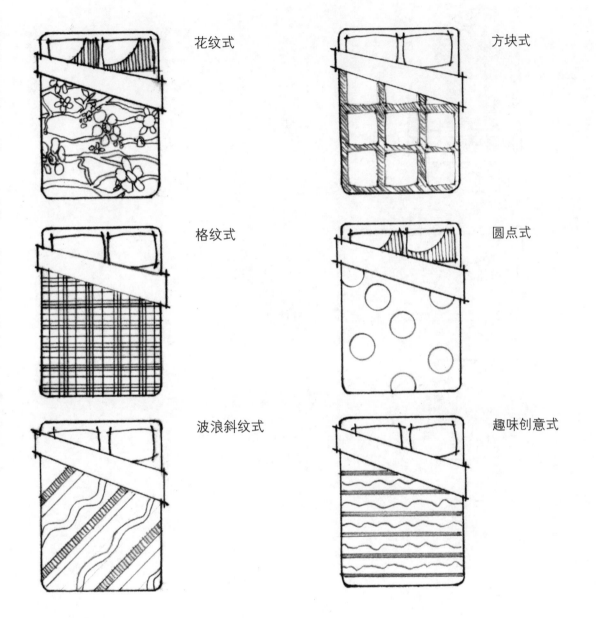

花纹式

方块式

格纹式

圆点式

波浪斜纹式

趣味创意式

其他种类家具

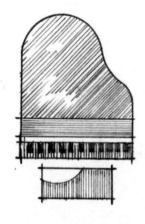

三角钢琴

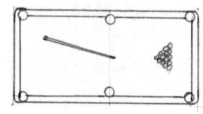

台球桌

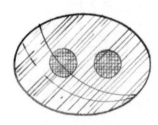

玻璃面桌子

阿迪朗达克椅

第五章
地材的平面图

　　本章将举例说明如何绘制不同材质（如竹子、混凝土和大理石等）的地材图。在画地材图时应相对轻一点用力，以便使它作为背景，不会压倒你图纸上的主要内容。使用2H或者4H铅笔既能够表现出地面的设计和质地，又不会破坏图纸的整体效果。

　　在使用2H或者4H铅笔画地材图时也有例外，当画地毯上的纹理时，可以使用一支F铅笔。在绘制地材图时，一个重要因素是表现出很好的质地，而不是在给地面画"尾巴"花纹。关于地毯纹理表现的优秀和失败案例在本章中都有所展示。

瓷砖地面

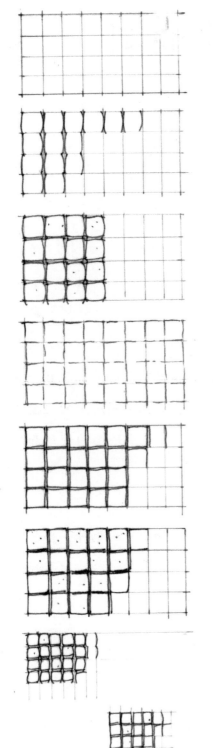

1 300 mm × 300 mm尺寸的地砖可以有许多种绘制方式，用2H铅笔轻轻地按比例绘制出网格

2 300 mm × 300 mm尺寸的圆形瓷砖是可以徒手绘制的，先用2H铅笔画垂直线

3 使用2H铅笔绘制水平线，添加一些小点可以使它看起来更有趣，用F铅笔来画点

4 使用2H铅笔轻轻地绘制出300 mm × 300 mm的垂直线条，然后画出水平线，线条不连贯

5 300 mm × 300 mm尺寸的方块瓷砖可以徒手绘制，使用前文描述的相同的技法，先画垂直线然后再画水平线，尽可能将线画得又直又平

6 为瓷砖添加一些点来进行装饰，连接成方块

7 200 mm × 200 mm尺寸的地砖也可以使用上述的相同技法来绘制，细节画法也是相同的

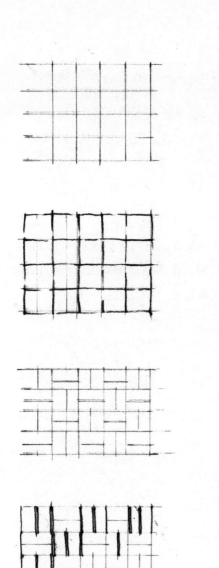

8 可以用更简单、更有效的方式绘制瓷砖地面，
在开始时，总是用4H铅笔轻轻绘制出网格

9 使用2H铅笔描网格，下笔用力要有变化，
并且用不连贯的方式画线

10 150 mm×300 mm的地砖可以绘制，
在开始时也是先画一个网格，
然后再徒手划分

11 首先绘制垂直线，
两条邻近的线段表示网格线

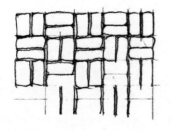

12 画完水平线后，整幅图就绘制完成了，
这是一种徒手绘制的自由风格

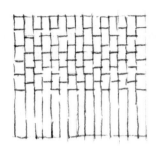

13 徒手绘制100 mm×200 mm的方格地砖

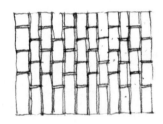

14 150 mm×300 mm的方格地砖可以用相同的方式绘制，在网格处加双线，还可以添加点以增加趣味性

15 天然石材地面也可以徒手绘制添加到设计图纸中

不要把石头画得像圆圈一样

每块石头之间要留有间隙，不可以直接相连

石材/混凝土

1 石材有许多种不同的外观，从中性纹理的大理石到非常粗糙的花岗岩都有，图为粗糙的花岗岩

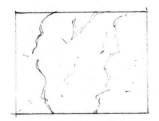

2 中性纹理的石材可以用简单的方式绘制出花纹，图为中性纹理的大理石

3 混凝土地面也有许多不同的样子，通常每块之间都会设计伸缩缝

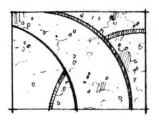

4 带有伸缩缝的混凝土可以用作模板

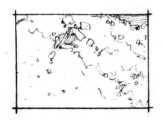

5 混凝土的肌理可用于表现老式的阁楼

地面铺装

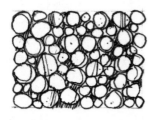

1 鹅卵石是用各种各样的圆圈画成的，以短线相
连接

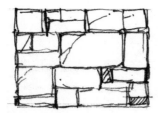

2 切割成长方形的石材

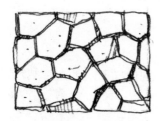

3 绘制石板碎拼效果，必须在适当的比例范围内

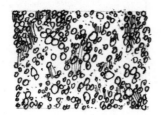

4 水磨石可以像鹅卵石一样绘制

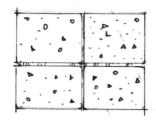

5 水磨石也可以像这样简单绘制

◪ 木地板

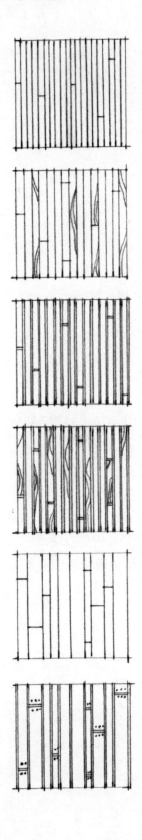

1 60 mm宽的木地板，750～900 mm不等的长度，
可以随机添加分段

2 带有木纹理的90 mm宽的木地板，
用H铅笔将其分成三部分，
随机添加分段和纹理，整体感觉要直线多曲线少

3 用双线绘制90 mm宽的木地板，与上述木地板画法
一样，只是多画一条线，不画木纹理

4 带有木纹理的90 mm宽的双线木地板，用H铅笔绘
制，如果你有我所说的"手重"现象，也可以使用
2H铅笔绘制

5 随机的宽度和长度，画起来简单并且容易，
适合在没有太多绘图时间的时候使用

6 增加双线和骨钉，有趣并且带有一点田园感

复古木地板

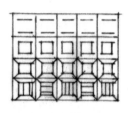

1 首先画出镶嵌木地板的水平线，再添加垂直线，画出斜切的边角，最后再加上细节——条纹

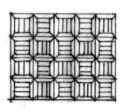

2 完成后的镶嵌木地板，
虽然费时，但是看起来很华丽

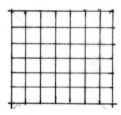

3 300 mm的镶嵌木地板画起来更加简单，
使用你的丁字尺和三角板绘制方块

4 画内部的线条（木条），用2H铅笔徒手绘制，在这里你可以简单地添加木质拼花

5 绘制200 mm的镶嵌木地板用的是相同的技法，
如果画一条45°的斜线，就会使你画起地板来更得心应手

6 古朴典雅的200 mm的镶嵌木地板

更多的木地板

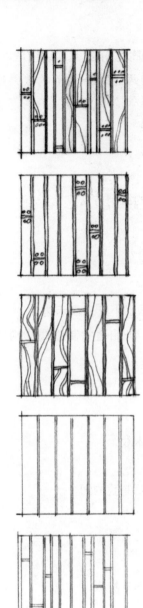

1 用2H铅笔随机增加木纹的宽度和长度，
保持简洁，不要有太多曲线

2 可以徒手绘制地板的宽度，
先用2H铅笔画草稿，然后用H铅笔徒手绘制

3 200 mm宽的木地板也可以采用上述技法徒手绘制，
然后用2H铅笔加入简单的木纹肌理

4 现在你也可以在200 mm宽的木地板上徒手绘制肌理
线条

5 徒手练习，
宽度和长度可随机

6 在你选择的木地板上加以练习，
并从中发现乐趣

◪ 有趣的木地板

1 300 mm的镶嵌木地板，可以自由绘制木纹纹理，
注意所有的纹理线要连接两边，2H铅笔的效果最
好

2 200 mm的镶嵌木地板，
与300 mm的镶嵌木地板的绘制方法完全一样，仅
仅是小了一点

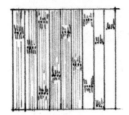

3 200 mm宽的竹地板，要画出小点来表示边缘，
然后在这些小点之间，用4H铅笔绘制细线，构成
纹理

4 回收的木材通常有随机的木纹，
还会有树节、划痕和孔洞，
运用你的想象力或者直接复制我的图，
2H铅笔效果最好

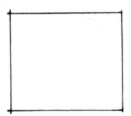

5 现在，轮到你啦，画出你的木地板

地毯

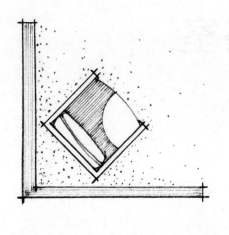

1 地毯是用F铅笔点出一系列的小点绘制而成的，这些点在靠近墙壁和家具的地方相对密集一些，注意画点的时候，不要带小尾巴

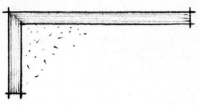

2 如果点的后面带小尾巴，看起来会不太美观，不要这样绘制地毯

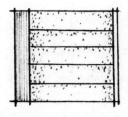

3 可以利用点的疏密定义楼梯的深度

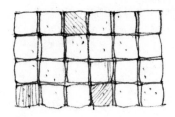

4 相同的点可以添加到瓷砖上来提升画面效果

第六章
厨房和浴室

　　厨房和浴室具有多种不同尺寸和设计方式。美国厨卫协会（NKBA）提供厨房设计和使用指南以及浴室设计与使用指南，网址为www.nkba.org。这些指南会全面系统地告诉你，有关厨房和浴室设计需要知道的几乎所有东西，包括布局和基本设计常识等。

厨房

　　厨房是家庭住宅的中心，有很多关于厨房设计和布局的书。在本章中，我将展示常见的厨房基本布局，并将举例说明不同厨房布局的立面图画法。

L形厨房

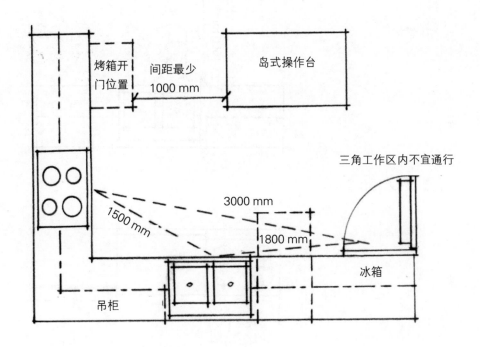

三角工作区三个边的总和不超过6～7 m。

每条短边长度最小1.2 m，最大2.7 m。

走廊式厨房

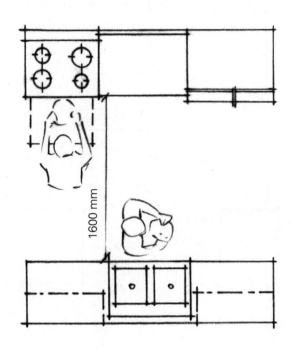

1600 mm

1　两人操作空间

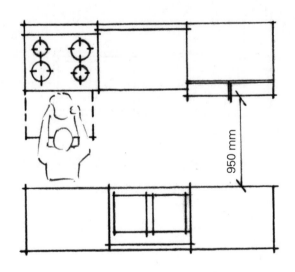

950 mm

2　单人操作空间

室内设计手绘表现
线稿与马克笔技法

U形厨房

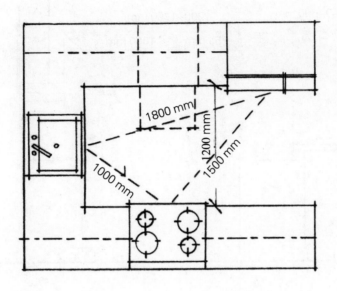

1800 mm
1200 mm
1000 mm
1500 mm

一字形厨房

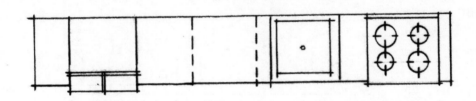

高度要求

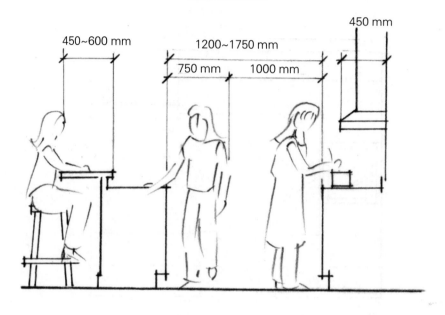

450~600 mm

1200~1750 mm

750 mm   1000 mm

450 mm

空间要求

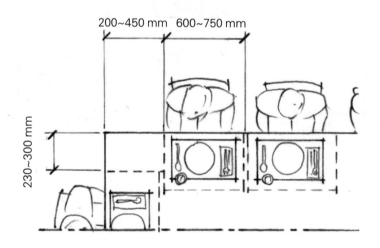

200~450 mm   600~750 mm

230~300 mm

室内设计手绘表现
线稿与马克笔技法

标准尺寸

项目	宽/长	高度	深度	特殊要求
橱柜台面		900 mm	600~750 mm	700 mm轮椅操作
冰箱	700~900 mm	1500~1800 mm	750 mm	
洗碗机	600 mm	850 mm	600 mm	
灶台	750~900 mm	900 mm	600 mm	
烤箱	600~750 mm	600~750 mm	650 mm	
洗衣机	750 mm	900 mm	750 mm	
干燥机	750 mm	900 mm	750 mm	
浴室柜	按需要	750~900 mm	600 mm	
洗面台	4500 mm	700~750 mm	650 mm	
浴缸	1500~2300 mm	400~600 mm	900~1200 mm	
室内门	750~900 mm	2000 mm	40 mm	
室外门	900 mm	2000 mm	40 mm	
天花板		2400 mm	2400 mm	

橱柜的标准高度

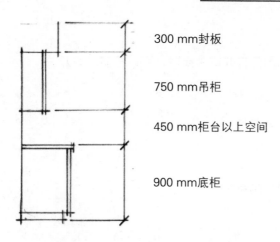

300 mm封板

750 mm吊柜

450 mm柜台以上空间

900 mm底柜

　　定制的厨房设计可以采用不同的尺寸，但是要注意基础数据应保持不变，这些基础数据包括：

　　在水槽的上面应保持550 mm以上的空间；

　　在灶台的上面应保持750 mm以上的空间。

符号

开关符号

S 单控开关——从一个位置开一个或多个灯

S_3 双控开关——从两个位置开一个或多个灯，
房间有两个入口的情况需要

S_4 三控开关——用于打开两个双控开关，从三个位置
控制一个或多个灯

SSS 在一个接线盒位置里有三个开关

S_{DM} 变光开关——用于控制光的亮度

S_{3DM} 双控变光开关——用于在两个不同位置控制光的亮度

S 三个开关堆叠在一个位置，通常用于浴室通风设备

S_D 门控开关——当储藏室或壁橱的门打开或关闭时，可以控制灯的开关

$Ⓢ$ 天花板拉线开关——用于阁楼或壁橱

T 恒温器——固定在墙上的加热控制系统

插座符号

高度——如果不是标准高度，应高于地面
类型——插座的类型

独立插座——专用电路

双联插座——标配双接地插座

四联插座——两个接线盒的四联插座

三联插座——两个接线盒的三联插座

带开关的双联插座——两个接线盒带有一个双联插座和一个开关

钟表插座——中心区域向墙内凹陷，非常适合将时钟挂在墙上

分离式有线双联插座——上部有控制开关，用于灯具

防水插座——插座上有防水盖

独立地面插座

双联地面插座

接地故障断路器——插座通过接地故障断路器受到保护

灶台插座——50A，4线

烘干机插座——30A，4线

独立开关插座

地面接线盒——电路连接到电箱

空白面板——预留的插座，暂时不使用

接线盒——电路连接盒

灯具符号

 吸顶灯
FL　　荧光灯
IN　　白炽灯
HA　　卤素灯

 壁挂式灯具

吸顶式洗墙灯具

 嵌入式顶灯（筒灯）

方形筒灯

吊灯

射灯

轨道灯

 嵌入式顶灯（防水灯）——潮湿的地方使用，常用在淋浴间

荧光吸顶灯（格栅灯）

 暗藏灯带

 表面安装荧光灯

 斗胆灯

电话

数据通信插座（网线）

 有线电视插座

 门铃

 电扇插座

 烟雾报警器——吸顶式

 热水器

 电热辐射膜——吸顶式

厨房电器

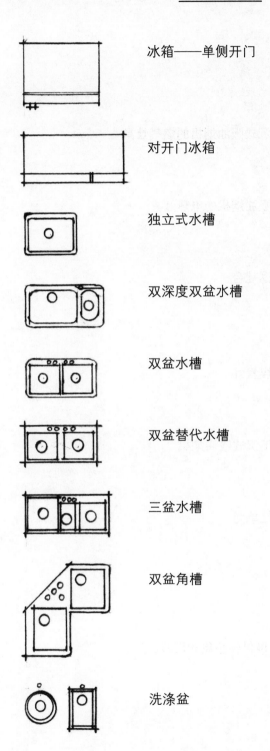

冰箱——单侧开门

对开门冰箱

独立式水槽

双深度双盆水槽

双盆水槽

双盆替代水槽

三盆水槽

双盆角槽

洗涤盆

燃气灶具

 带中央下沉式吸油烟机的燃气灶具

 带下沉式吸油烟机的电热灶具

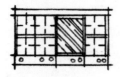 六孔式煎锅灶台

 带把手的煤气灶

 格栅——下沉式吸油烟机

 厨房燃气灶单元

这里有很多炉灶和灶台的设计，可供你想象和借鉴。

典型厨房天花板图

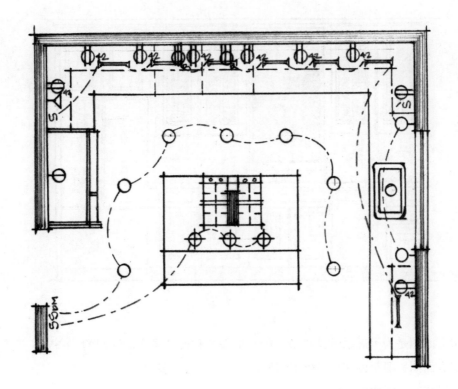

图例

灶台插座	
双联插座	
独立插座	
壁挂式灯具	
吊灯	
嵌入式筒灯	
电话	
暗藏灯带	
单控开关	
变光开关	

厨房立面图

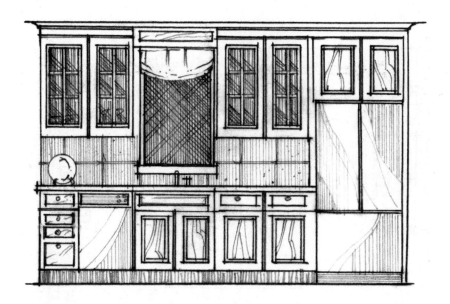

厨房立面图是为了展示设计细节、柜子的款式和设计风格而绘制的。

厨房立面图一般都使用1∶10的比例绘制，以显示更多细节。

你可以在立面图中绘制以下细节：

- 窗户
- 窗帘
- 橱柜类型
- 挡板设计
- 模型
- 特别效果

室内设计手绘表现
线稿与马克笔技法

▨ 现代厨房

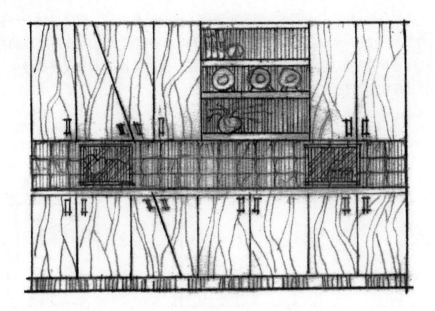

有一点点灰色阴影效果就更有趣了。

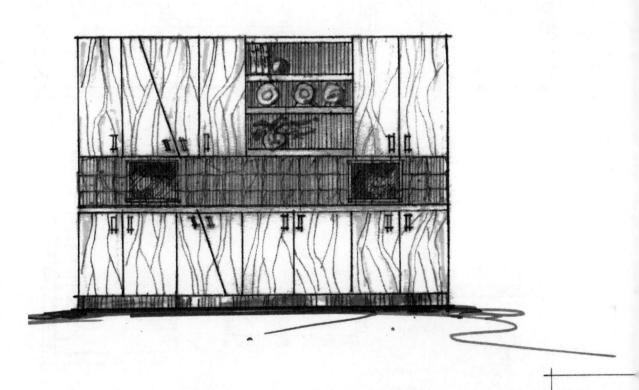

浴室

本节将要向你展示在绘制浴室图纸时，需要知道和了解的所有细节。我会教你一些基本的浴室布局以及怎样绘制浴室设备。设计师可以选择将浴室设计成简单或是复杂的样式，本节的图纸也将遵循这一原则，既有简洁的风格也有复杂的风格。本节仅仅是教你一些常用的浴室布局以及如何绘制洁具细节。

浴室的基本布局

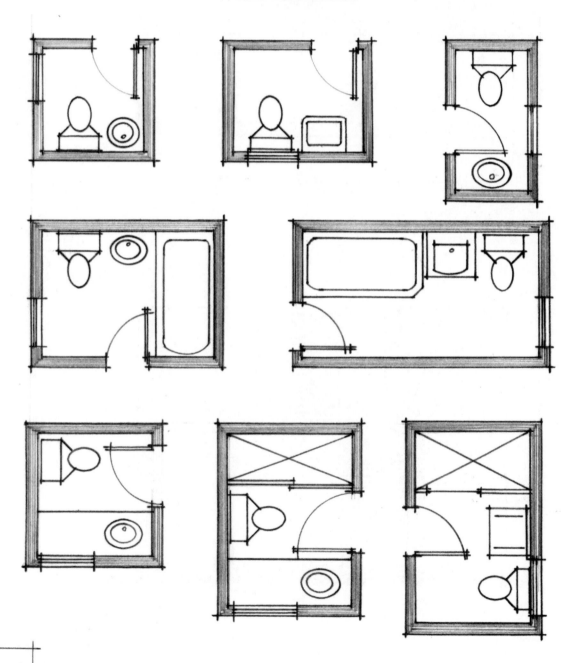

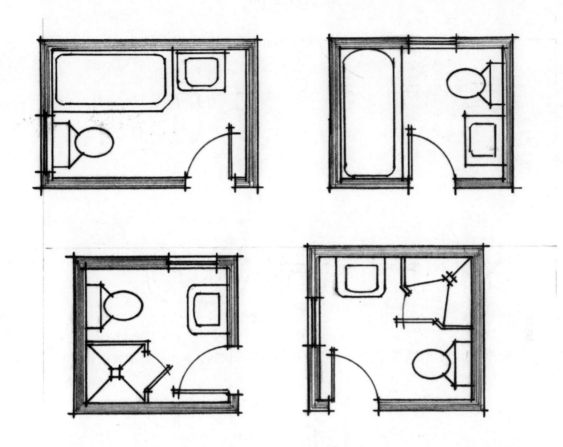

卫生间

座便可以使用模板绘制，但是徒手绘制看起来更有艺术感。

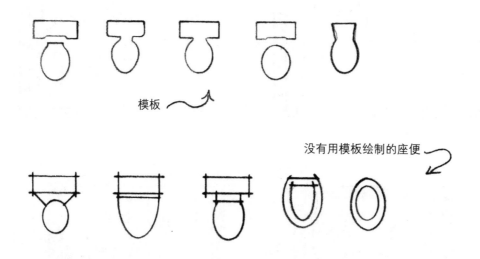

模板

没有用模板绘制的座便

淋浴间可以简单地绘制或者绘制出更多的细节，比如，画出瓷砖铺装设计。

浴缸不能仅仅只画出一条边线。

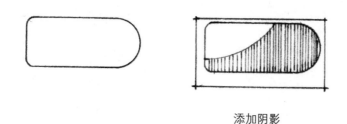

添加阴影

室内设计手绘表现
线稿与马克笔技法

更多的浴缸、淋浴间绘制技法

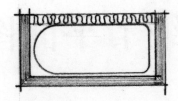

带浴帘的浴缸

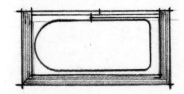

带推拉门的浴缸

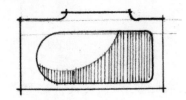

前延扩展式浴缸

角式淋浴间

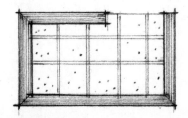

步入式淋浴间

第七章
建筑装饰细节平面图

　　细节就是全部。在衣柜里添加衣服，在壁炉里放一些木材，在窗户上加上窗帘，这样会使图纸具有自己的个性。普通平面图和精品平面图之间的差异，就体现在这些建筑装饰细节的表现上。

　　在本章中，我会举一些例子说明造成这种差异的细节。如果你的细节处理得简单、准确，它其实不会花太多的时间，但是图面效果看起来会好上十倍。

建筑细节

1　在壁橱里画上衣服，会令你的手绘图纸更加灵动，可以徒手绘制或使用三角板

2　使用三角板很简单，也可以给人一种现代的感觉

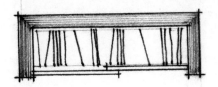

3　衣服挂也可以用徒手的方式简单绘制

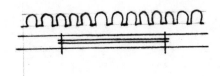

4　窗帘可以有多种画法，
使用参考线和多个U形的连接，你就可以画出窗帘

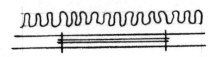

5　在两条参考线之间画波浪线，形成窗帘

小贴士

　　窗户和墙壁之间总是要留出150 mm的距离。

6　垂直百叶窗帘由多条角线画出

7　垂直百叶窗帘也可以绘制成双线

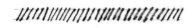

8　垂直百叶窗帘也可以都画成一样的角度

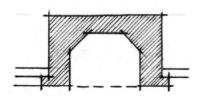

9　壁炉最好看的角度线是倾斜45°

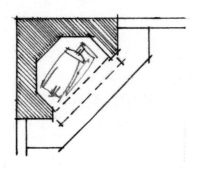

10　转角处的壁炉尺寸要缩小

11　壁炉的底部放有石块

小贴士

　　石块不要均匀绘制，要画得像岩石一样。

地毯

在地毯的平面图中应该添加你的个人风格，地毯的设计构思是没有限制的。互联网上的资源可以为你的构思提供美妙的灵感，这里介绍一些简洁美观的地毯设计案例。

选择一个适合房间的标准尺寸：2700 mm × 3600 mm。

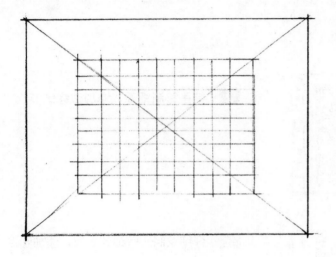

1 画出设计草图的参考线

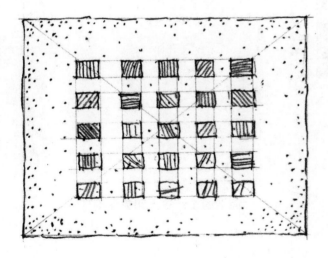

2 徒手用有深浅变化的虚线描图，添加一些圆点，使你的地毯更吸引人

◪ 地毯的构思

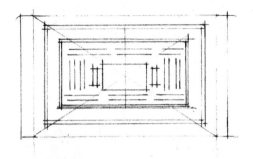

1 画出带细节的地毯草图，
为了美观可在两端边缘添加条纹

2 徒手绘制细部，添加边缘细节

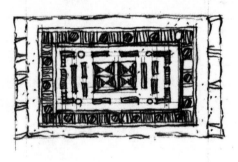

3 仔细绘制所有细致之处，添加圆点

◪ 简洁的地毯

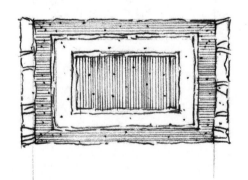

简洁的设计令人印象深刻

▨ 一些有趣的地毯

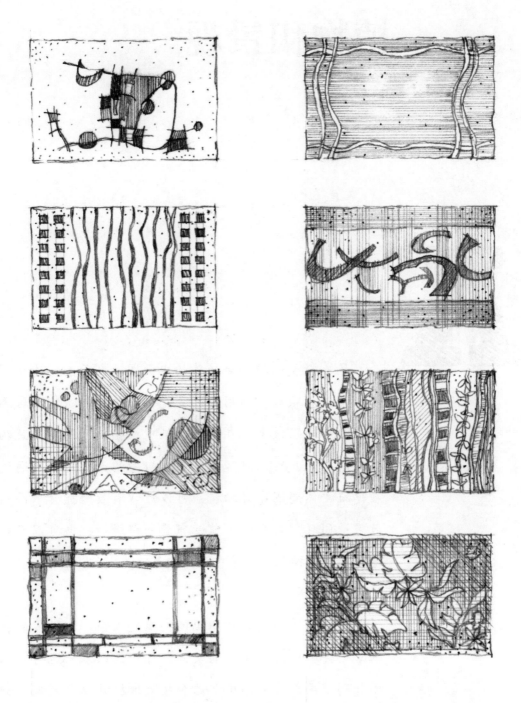

第八章
植物和景观

　　绘制精美的植物会使你的平面图、立面图、透视图或草图光彩照人。利用灰色马克笔给植物的特定区域添加阴影会增强效果。在室外图纸中，植物通过与建筑物尺寸的对比，可以更容易地显示自身的大小尺寸。通过在建筑主体周围布置绿植，可以非常有效地提升平面图效果；同样，在画面的前景布置一棵绿树，也可以有效地改善画面构图。本章中也会分享此类案例。

　　请注意，不要让你所画的树看起来像"拐杖"。在本章中会给出一些树木的实例，你可以很容易地将它们添加到草图或效果图中，这会极大地提升画面效果。如果你用SketchUp软件制图，你的个性手绘树木也可以非常容易地添加到软件中。

植物

任何植物都会给图纸增添个性，绘制植物群落要从绘制植物单体开始。在开始绘制植物单体时，首先要画一个圆圈。

1 用三角板从圆心向四周画放射状直线

2 或者徒手绘制直线

3 徒手沿着两个圆圈的边线绘制直线，我留下部分未完成的图，以便展示这种技法

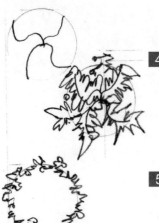

4 用波浪线绘制植物外形，简单又有效果

5 简洁的植物画起来很容易，只需粗略地画出植物的外围轮廓即可

▨ 更多的植物外观设计

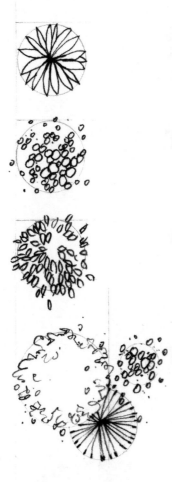

1 叶状植物

2 不规则的小圆圈，可以形成有趣的外观

3 独立的叶子

4 植物群组，注意一定要相互叠加

5 添加一点儿变化的植物群组

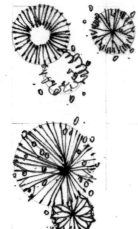

6 或者单独画两棵植物

植物的变化

 1 总是以一个圆圈开始，通过添加不同的风格来完成

 2 围绕圆圈绘制线条

 3 添加内部元素

 **4** 结合几种不同风格

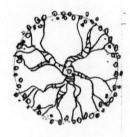 **5** 画更大的图形来表示树

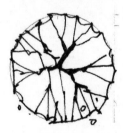 **6** 简化后的绘图

⬛ 更多的植物变化

 **1** 另一种简洁的风格，只是将植物边线向圆圈内部切入更多

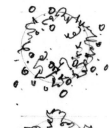 **2** 添加一些小圆圈以柔化边缘

 **3** 延长波浪线，使其看起来像树的分叉

 **4** 添加一个种植盆

 **5** 增加一些圆点

 **6** 在圆圈内添加蕨类植物设计

更多植物

 1 在直线附近增加小圆圈

 2 添加弯曲的树枝

 3 用小圆圈把弯曲的树枝连接在一起

 4 添加植物边缘线

 5 创意性植物

注意，不要犯下面的错误。

太大

太小

叶子太稀疏

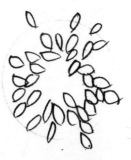

叶子不按比例画
（太大）

室外乔木

室外乔木可以绘制成各种各样的风格，随后将会介绍树的更多画法。

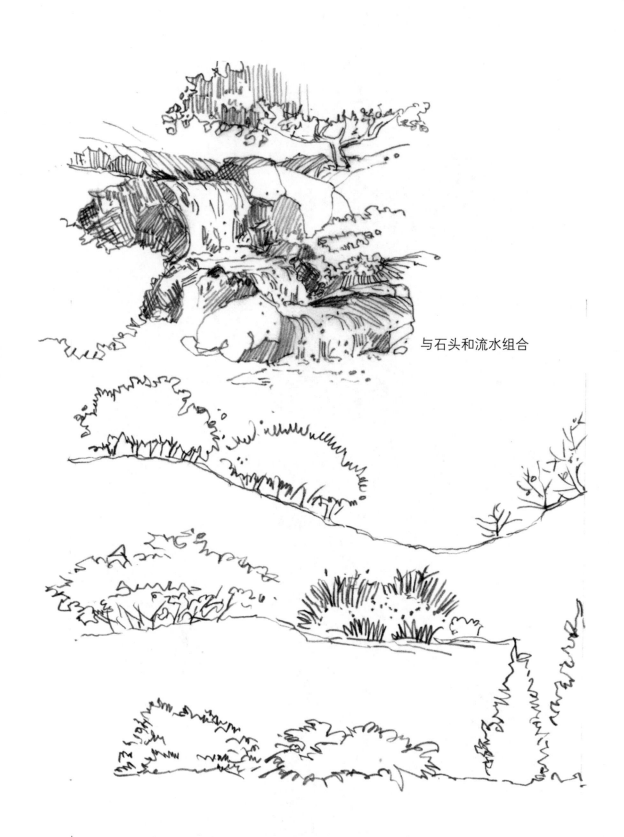

与石头和流水组合

给植物添加灰色阴影

可以用马克笔给植物的平面图添加阴影。

暖灰色的马克笔在手绘时更利于填充阴影。

专用的马克笔绘图纸使用起来效果最好，例如，加厚的绘图纸。

你可以在硫酸纸上绘图，扫描后打印到马克笔绘图纸上。

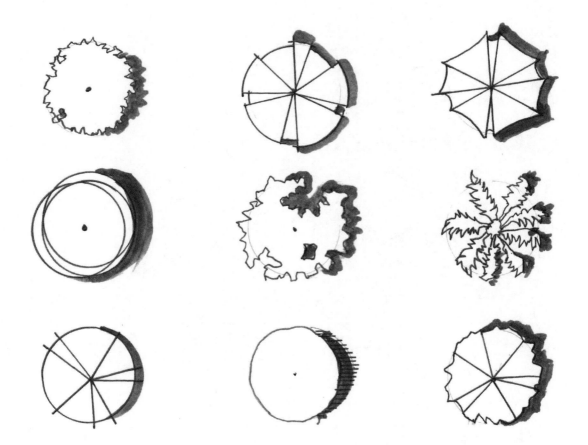

植物的立面图

树的比例可以显示空间的大小

在上一页的图纸中添加灰色阴影后的效果

室内设计手绘表现
线稿与马克笔技法

线描稿和添加灰色阴影后的线描稿的区别

植物可以简化

多种植物高低错落布置（吕伟良绘）

植物与景观小品相结合（吕伟良绘）

植物的透视图（吕伟良绘）

第九章
室内立面图

个简单的室内空间可以有千万种不同的外观。设计师绘制室内立面图，是为了展示他们想要的室内装修细节。立面图，特别是墙体展开图，可以简单直观地展示给你的客户看墙体和内部是什么样子的。优秀的立面图可以将你的设计思路清晰地展现出来。

通过立面图可以看出窗套或者观赏壁炉的样式，甚至橱柜的风格也可以通过立面图展现出来。此外，立面图还可以显示窗、门和镜子的位置。立面图可以为你的客户展示很多设计细节的效果。室内空间中的所有物品都可以用立面图表示。

你的立面图可以绘制成1：20的尺寸，然后再缩印成较小的尺寸。这会使你绘制的图纸看起来更加精细。

本章首先介绍如何绘制立面图。

立面图的画法

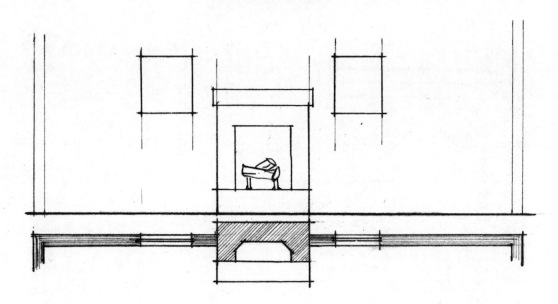

立面图是由你打算绘制的那面墙画延伸线而形成的。

在绘制线条时，可以假设你是站在这面墙的前面看它。

绘制墙体立面图时，如果比例合适的话，可以用1∶100的比例绘制，然后再画比例为1∶50的立面图，以显示更多细节。

我的立面图大都是用1∶100的比例绘制的，仅仅是为了表达出我的设计构思。

家具立面图

　　家具在立面图中适合简洁的表现方式，因为本身已经有足够的细节来突出它的有趣性，但图纸的背景还是需要将建筑细节重点表现出来。

窗户的画法

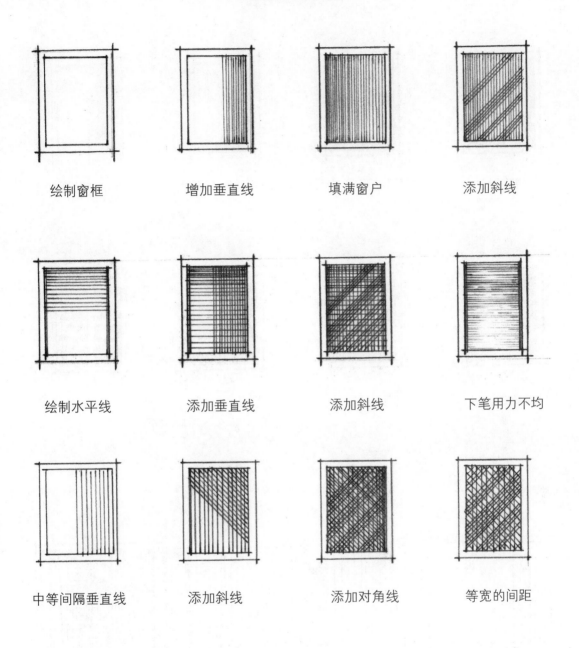

绘制窗框　　　增加垂直线　　　填满窗户　　　添加斜线

绘制水平线　　　添加垂直线　　　添加斜线　　　下笔用力不均

中等间隔垂直线　　　添加斜线　　　添加对角线　　　等宽的间距

▨ 窗户

  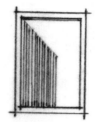 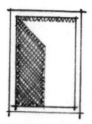

镶嵌画法　　　　　2H铅笔画镶嵌部分　　　H铅笔画阴影线　　　徒手交叉影线

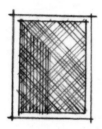  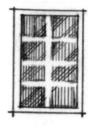 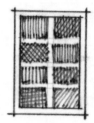

用对角线画阴影　　　徒手绘制竖框　　　竖框和斜线　　　多种变化

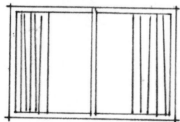  

更多的窗户外观

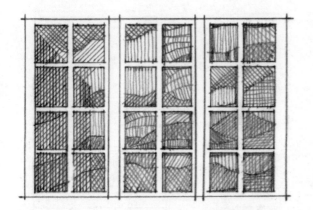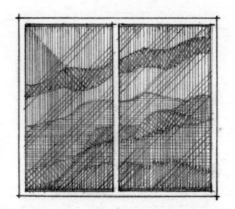

同样的视角——不同的窗户

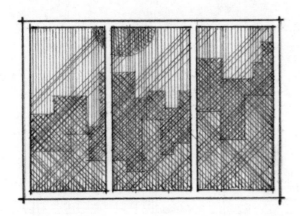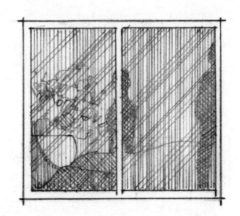

城市风景

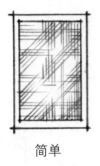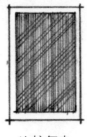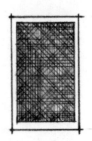

简单　　　　　　有一点复杂　　　　　比较复杂　　　　　更加复杂

遮光帘

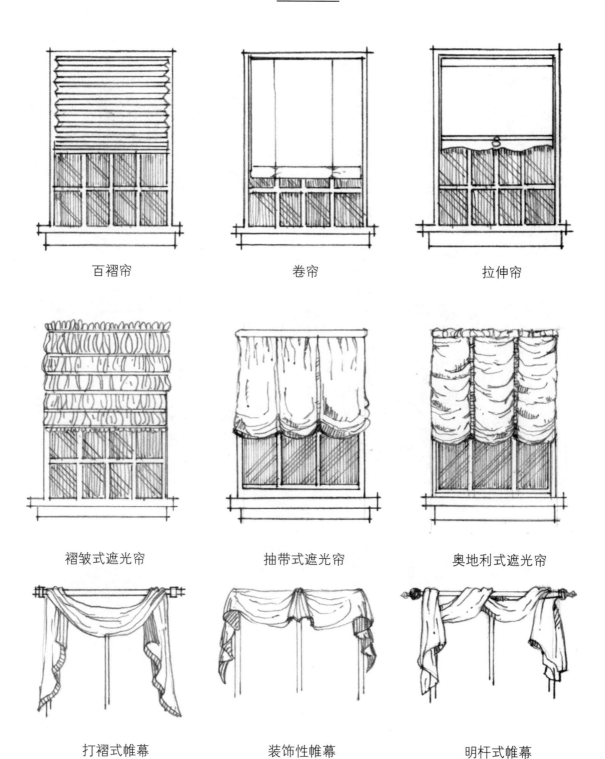

百褶帘

卷帘

拉伸帘

褶皱式遮光帘

抽带式遮光帘

奥地利式遮光帘

打褶式帷幕

装饰性帷幕

明杆式帷幕

室内设计手绘表现
线稿与马克笔技法

传统式窗帘

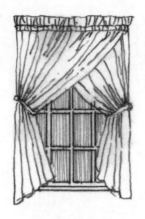

普里西拉式窗帘

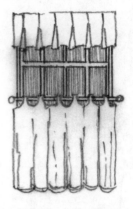

咖啡馆式窗帘

微褶皱式遮光帘

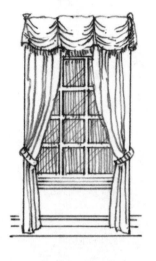

乔治亚式窗帘

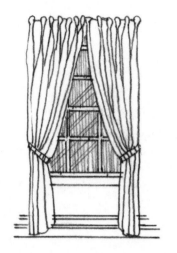

法国式褶皱帘

檐口窗帘

打褶帷幔窗帘

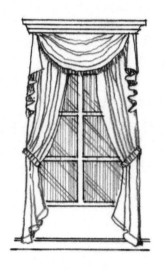

木檐口瀑布帘

非对称檐口窗帘

令你的图纸更加生动的布料细节

简单的线描稿　　　　　　　　增加更多的细节　　　　　　　添加灰色阴影

用暖灰色调的马克笔手绘窗帘可以轻松地为画面增加对比度。
我常用W1至W5等不同深浅的暖灰色和黑色。

同一面墙的不同风格

室内设计手绘表现
线稿与马克笔技法

立面图的线型

　　请注意如何利用浅色线条，使其在画面中有退后感，这是所有的图纸都适用的真理。

第十章
外墙立面图

室内设计师很少画外墙立面图，它们通常都是由建筑师在设计住宅外立面时绘制。不过，我已经帮助了许多家庭做花园的外观设计，其中就包括外墙立面的设计。因为有些项目在进行室内改造时，会连带着改变建筑外立面，此时业主会要求室内设计师对建筑进行外观改造设计。这种事情对我来说屡见不鲜。每个设计师都必须随时随地地为自己的设计项目倾尽全力。如果你有天赋，为什么不拓展自己的能力来进行室内外的整体设计呢？

室内立面图和外墙立面图都可以按照1：50的比例绘制，然后进行缩印，这将使你绘制的图纸细节看起来更加精确。

立面细节

  室内设计师很少画外墙立面图，我之所以添加了解释这方面画法的章节，是因为这种技术可以同时应用到室内和室外的图纸中。有些时候，你可能会使用这种绘图技巧设计整体的家居，也包括外墙立面。我曾经有三次亲自设计我自己家的住宅，包括外观设计在内。我的一个设计师朋友就在一家房地产公司专门绘制外墙立面图，已经有好多年了。

没有适当细节的外墙立面图会显得相当平淡。

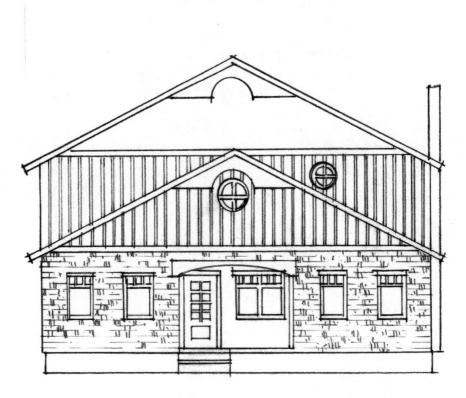

这幅画与前一页相比，哪一幅更生动？

室内设计手绘表现
线稿与马克笔技法

外墙面

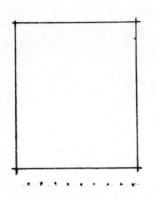

1 测量外墙板的宽度，并在墙板的位置下面画出多个小点，以便于下一步绘制，这样你可以随后擦掉它们

2 用H铅笔绘制单线，
选择线的粗细，并保持所绘制的线的宽度一致

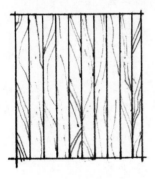

3 用H或2H铅笔画木纹，
当画木纹的时候，你需要改变线的宽度和纹理的方向，也可以绘制不同数量的纹理线

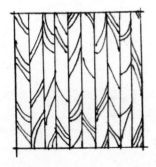

4 不要将木质纹理画得十分僵硬，这样看起来很假

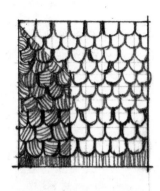

5　鳞状面砖使用200 mm网格，隔行交替排列，
　可以用添加弧形线条的方式来表示阴影

6　徒手绘制双线砖，首先用4H铅笔绘制参考线，
　再用H铅笔绘制

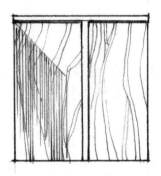

7　普通的糙面隔热墙，画起来也很简单，
　使用2H铅笔画纹理

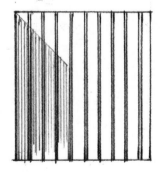

8　绘制垂直墙板可以不画纹理，但是要用双线

▨ 墙面阴影

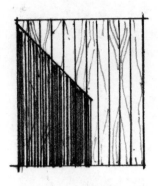

1 先绘制没有阴影的墙面，
然后确定阴影区域，用F铅笔绘制垂直线

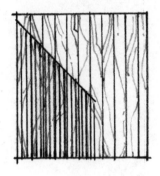

2 阴影区的垂直线不要画得距离太宽，那样会显得比
较混乱

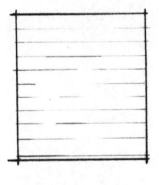

3 绘制墙面砖的另外一种方法是，先画出间隔约为
200 mm的水平参考线

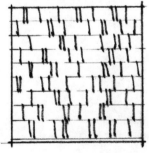

4 在两条水平参考线之间，徒手绘制竖线条，
可以是单独的一条线，也可以是两条线，并且自由
绘制，用H或2H铅笔

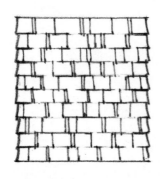

5　添加各种各样的铅笔线条使墙面看起来更加真实

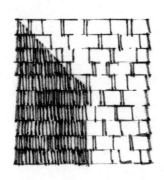

6　阴影线应该是手绘的，并且一次画完一行，
用H或者2H铅笔绘制，改变下笔力度可以表现出光
影斑驳的效果

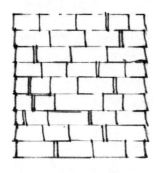

7　不要将墙面砖绘制得太均匀，这样会使它们看起来
更像是石块或砖头

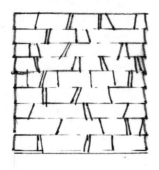

8　不要把垂直线画成带角度的斜线，这样会使它们看
起来不真实

室内设计手绘表现
线稿与马克笔技法

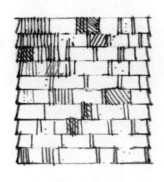

9　你可以通过各种有趣的笔法和阴影把墙面砖画得更
加生动，添加一些小圆点会使其更具质感

10　如果能够绘制出足够多的细节，岩石墙壁看起来也
会很真实。注意天然岩石之间没有太多的明显空
间，注意石材的形状和明暗变化

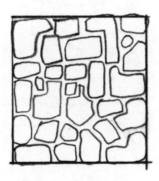

11　不要画形状不切实际的岩石或石头，像这幅图一
样，石头的边缘线不应该是一条直线

12　可以通过添加更多纹理的方法来添加阴影，
也可以用加深石头之间缝隙的办法来表现深度，
仅仅多画几条线就可以令画面焕然一新

13 绘制各种不同的圆点和记号，会使粉刷墙看起来真实而生动

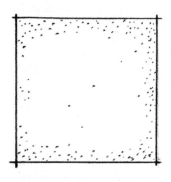

14 不要为了省事就不画点或是仅仅把点画在边缘，应展现由边缘到中心的过渡效果

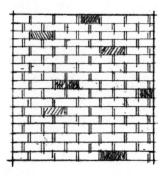

15 砖墙本来看起来不错，过渡渲染反而效果不好

16 堆砌的石墙又叫滑石墙，是完全徒手绘制的，这幅图是时下非常流行的画法

17 对于凹凸不平的混凝土砌块，首先要画垂直的参考线，然后徒手绘制有变化的线条以表现凹凸感和破碎感，多画一些点可以增加画面的真实感

18 文化墙的画法和前文所讲的墙面的基本画法非常相似，只是有更多的双垂线

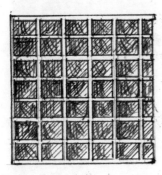

19 玻璃砖可用于室外墙面

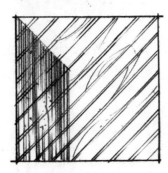

20 斜纹板偶尔用于特殊的墙面，注意阴影还是垂直的

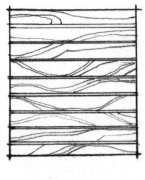

21 横纹板墙面可以用丁字尺绘制，然后徒手添加纹理

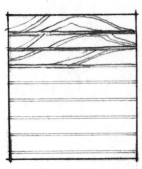

22 或者先画参考线，然后徒手描图

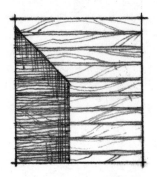

23 徒手绘制阴影，阴影大多用水平线画出

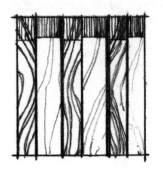

24 拼接木板可以通过不同的画法来表现木板外凸和内凹的关系，使用H铅笔画外凸的木板，2H铅笔画内凹的木板

▨ 墙面选择

1 简洁型的墙板和肌理

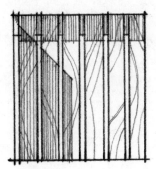

2 添加阴影表现墙体外观特征，并使墙体看起来更生动逼真

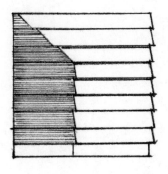

3 搭叠的护墙板是通过木板边缘以及阴影的边缘来表示的

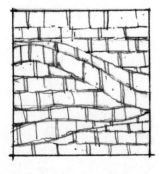

4 自由形式的墙面砖图案可以为图纸添加一点儿个性，可以添加阴影

屋顶细节

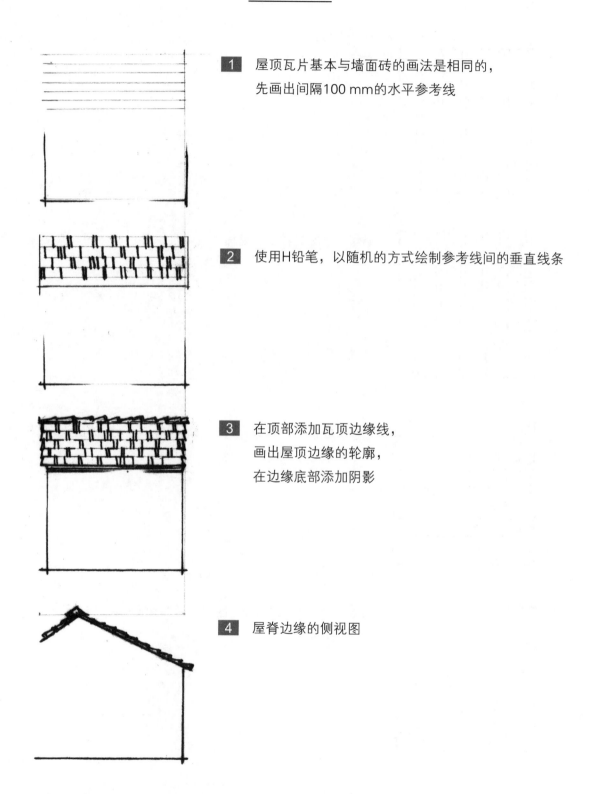

1 屋顶瓦片基本与墙面砖的画法是相同的，
先画出间隔100 mm的水平参考线

2 使用H铅笔，以随机的方式绘制参考线间的垂直线条

3 在顶部添加瓦顶边缘线，
画出屋顶边缘的轮廓，
在边缘底部添加阴影

4 屋脊边缘的侧视图

室内设计手绘表现
线稿与马克笔技法

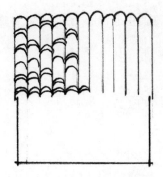 5 画瓦片屋顶时，先画出间隔150 mm的垂直参考
线，每一行上随机画出弧线

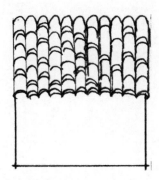 6 使用H或F铅笔以多变的方式画弧线之间的竖线

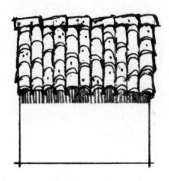 7 通过添加屋顶脊盖的方式完成每行的瓦片，
添加附有个性的标点（又名画点），
画出底部的阴影

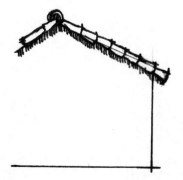 8 瓦片屋顶的侧视图

▨ 屋顶的变化

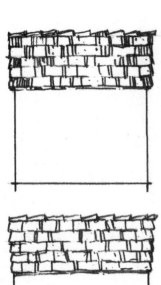

1 增加更多的竖线可以使普通的瓦片屋顶变得更有魅力

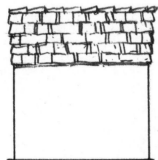

2 可以徒手将瓦片绘制出更随意的样子

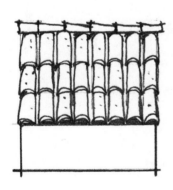

3 通过绘制垂直和水平的参考线，可以将瓦片屋顶绘制得更加精确

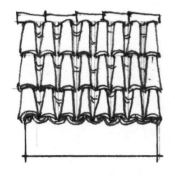

4 瓦片屋顶可以使用相同的参考线，但在每片瓦的底部进行放大处理

更多的屋顶创意

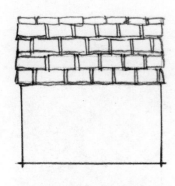

1 用间距均匀的双线来表示瓦片

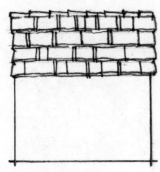

2 你可以用更随机的方式绘制瓦片

3 有楣板的木瓦屋顶的侧视图

前景树

添加细节会使图纸从平凡变得生动美丽。

添加阴影

　　添加灰色线条阴影可以增加画面深度，并使图纸的各个分区更加明显。艺术家用这种方法进行油画评估研究。

室内设计手绘表现
线稿与马克笔技法

流水别墅

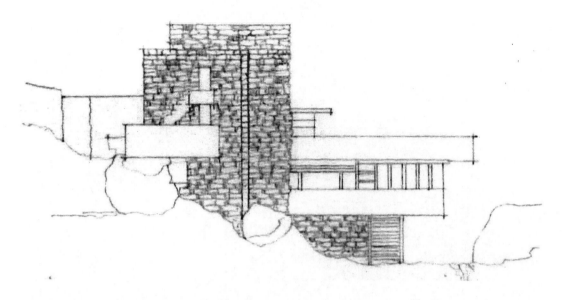

弗兰克·劳埃德·赖特的住宅原稿（单线稿）

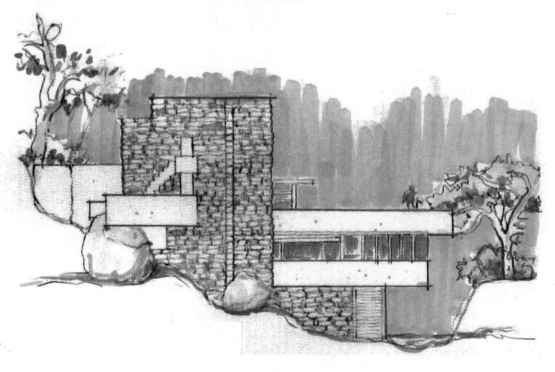

添加暖灰色后的效果，可以增加画面的生动性

线的深浅

越接近画面的线越应该画得暗一些。

线条深浅基本知识：

        4H——书写及绘图的参考线；

        2H——填充线；

        H ——家具的细节、植物、窗户、门；

        F ——墙壁、书写、家具的轮廓线；

        HB——如果是草图的话，可用F铅笔代替；

        B2–B6——不能用于绘制图纸。

第十一章
剖面图

剖面图是剖切建筑的一个正射投影，仿佛用一把刀将其拦腰截断。剖面图用打开的空间显示建筑相关的结构和信息。在室内设计中，剖面图常用于显示房间的关系。在住宅设计中，通常用立面图就可以将事物表示清楚，所以设计师很少需要绘制剖面图。在本章简要讲解剖面图的绘制，是因为当我们设计多层住宅时，必须了解楼梯、窗口和室内空间的对应关系。当设计室内空间时，设计师需要始终注意空间上方和下方都有些什么，而剖面图是一个很好的方式，你可以在纸上推敲设计理念，并且避免错误的设计。举例来说，你不会将儿童房或是主卧室设置在带有环绕立体声的影音室下面。

剖面图和立面图都是垂直于图纸的投影面，它们保留了真实的大小、比例和形状。但是，立面图一次只能绘制出单个房间的一面墙。地板、墙面和天棚之间的关系只能用剖面图来显示。门和窗的位置，以及橱柜和楼梯的位置、高度，也同样可以用剖面图来显示。

如果画的是建筑剖面图，你需要在图纸上绘制出以下内容：

- 基础类型
- 地板系统
- 墙体结构，内墙和外墙
- 梁或柱的尺寸和材料
- 墙体高度
- 楼层高度
- 地板构件
- 踢脚线
- 天花板构件
- 屋顶坡度
- 屋面板
- 保温层
- 屋顶装修材料

在图纸旁边添加一个成年人的剪影，可以帮助说明图纸空间的比例和尺度。

室内设计师一般使用1∶100的剖面图来显示一个房间与另一个房间的关系，本章插图包括一些简单的剖面图。因为本书主要介绍设计图纸和手绘草图，并不是一本为建筑师而写的书，所以仅包括简单的描述和简单的图表。更详细的有关建筑细节的剖面图图纸可以在建筑书籍中找到。

建筑剖面图

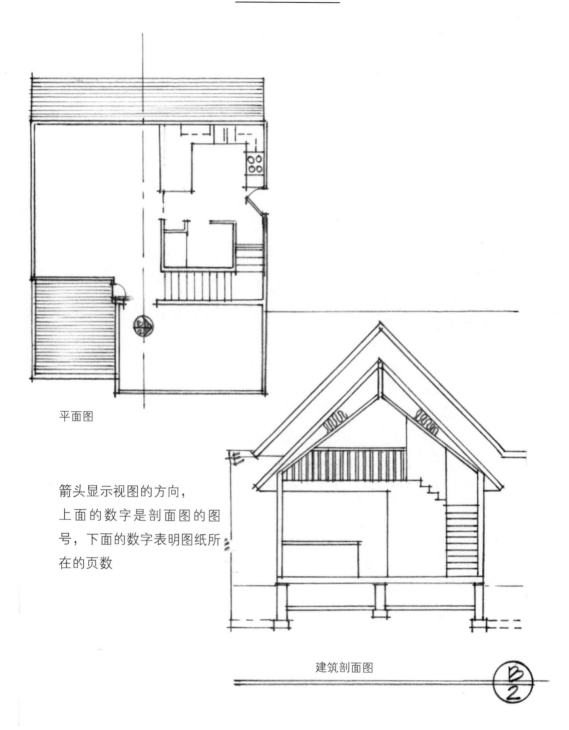

平面图

箭头显示视图的方向，
上面的数字是剖面图的图
号，下面的数字表明图纸所
在的页数

建筑剖面图

定义线的深浅

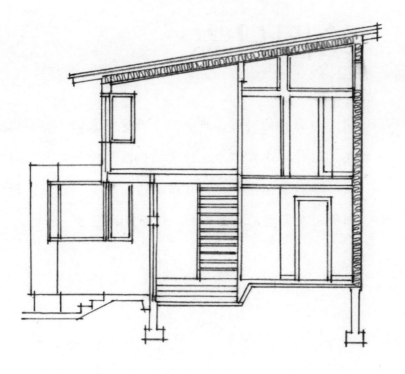

请注意如何利用线的深浅表现图纸的层次感

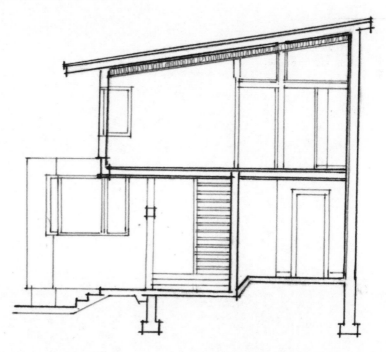

附录I
绘图日志

　　当旅行的时候，我会用手绘速写来做一些游记绘图日志，这种方式曾作为一种素描手段用于研究大型油画的价值。本附录包括了一些我以前所画的手绘案例，请注意如何使用灰色马克笔提高画面的细节表现力。

改变你的图纸（绘图步骤）

开始比较简单，逐渐增加细节

一点点添加灰色马克笔

室内设计手绘表现
线稿与马克笔技法

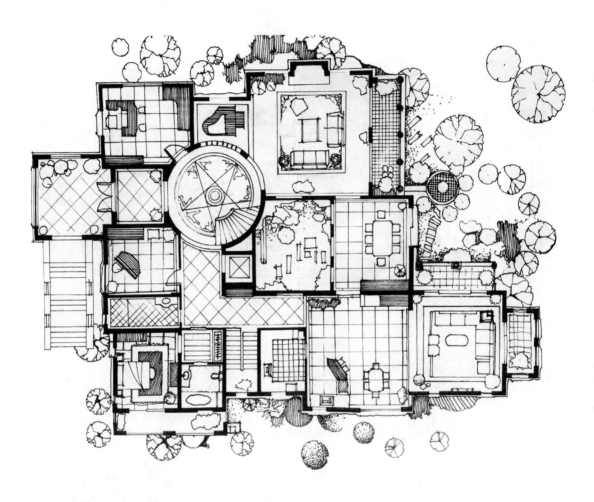

室内平面图的手绘线描稿

室内设计手绘表现
线稿与马克笔技法

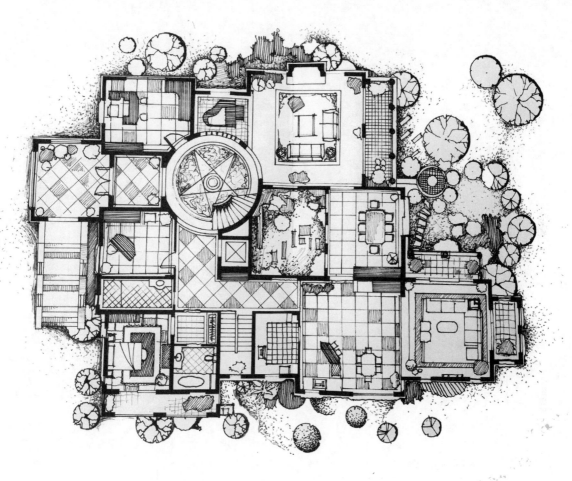

加调子后的室内手绘平面图，注意调子中点和线的运用

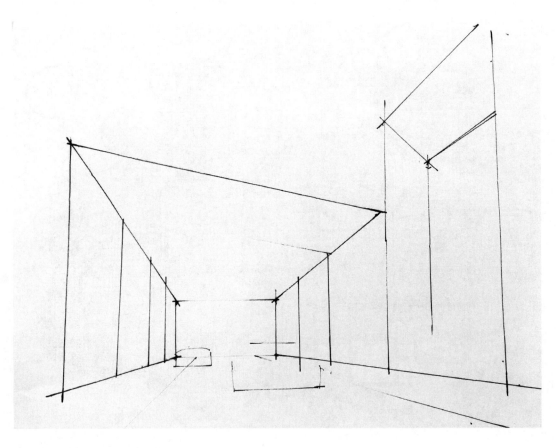

起稿时要注意透视的准确性

室内设计手绘表现
线稿与马克笔技法

画出主要的柱梁及画面主体

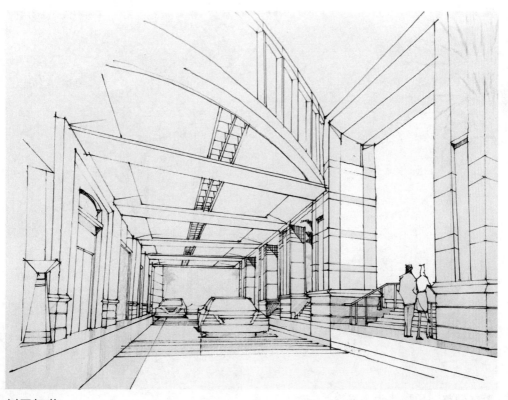

刻画细节

进一步刻画细节

整体调整，用排线表现光影

室内设计手绘表现
线稿与马克笔技法

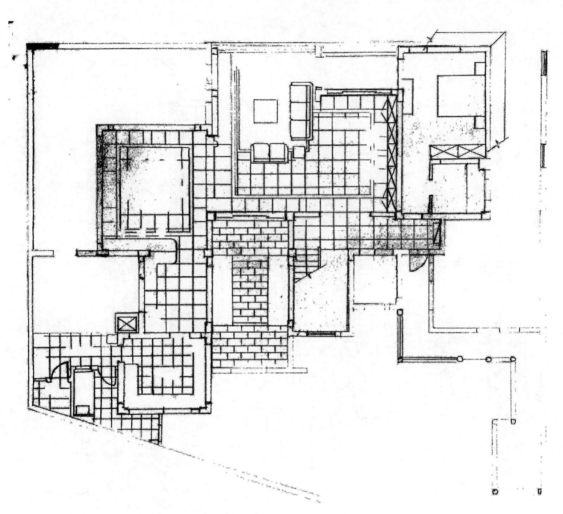

先用铅笔尺规画出草图，注意线的虚实变化

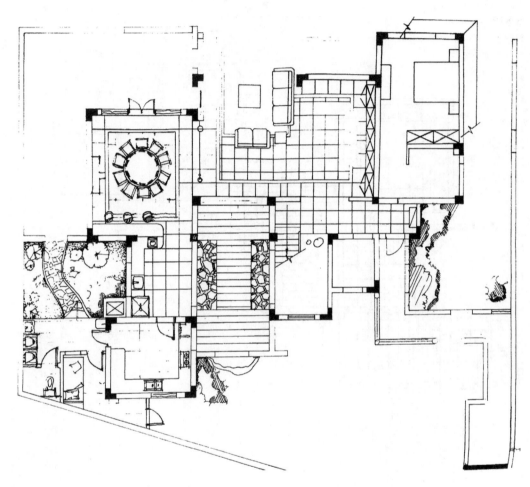

进一步刻画细节，注意大的黑白灰关系

室内设计手绘表现
线稿与马克笔技法

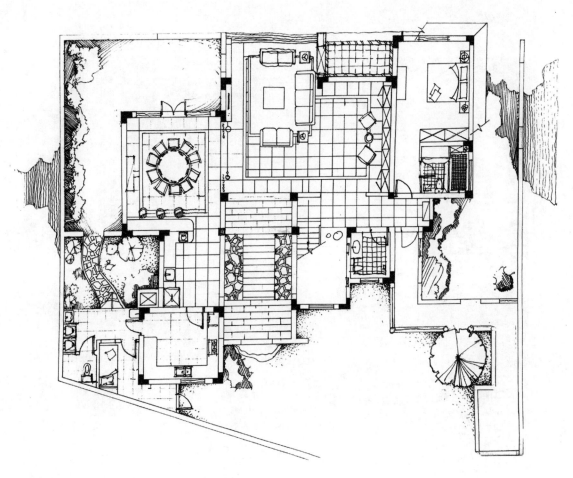

通过点和排线来强化墙和周边环境的关系

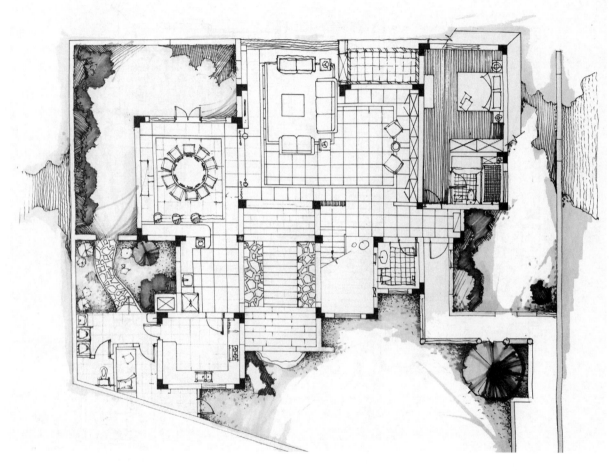

用绿色马克笔强化周边环境

室内设计手绘表现
线稿与马克笔技法

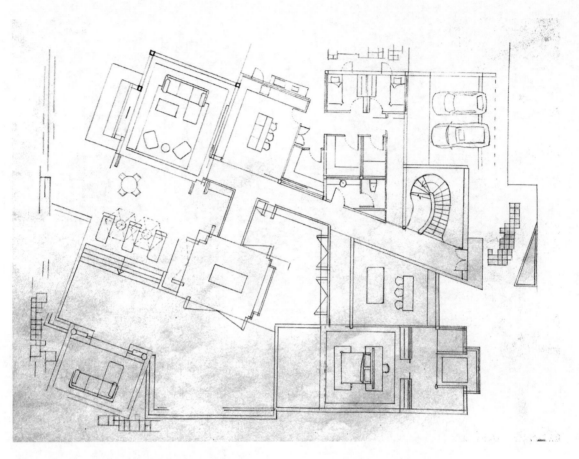

用尺规铅笔起稿，注意画面干净整洁

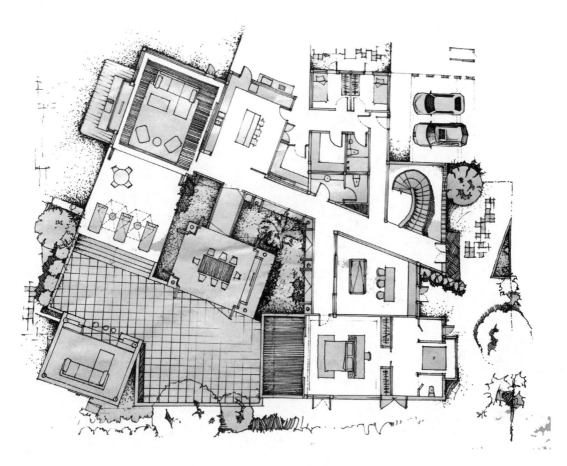

用针管笔细化，注意点线相结合，可以用灰色签字笔调子强调黑白灰关系

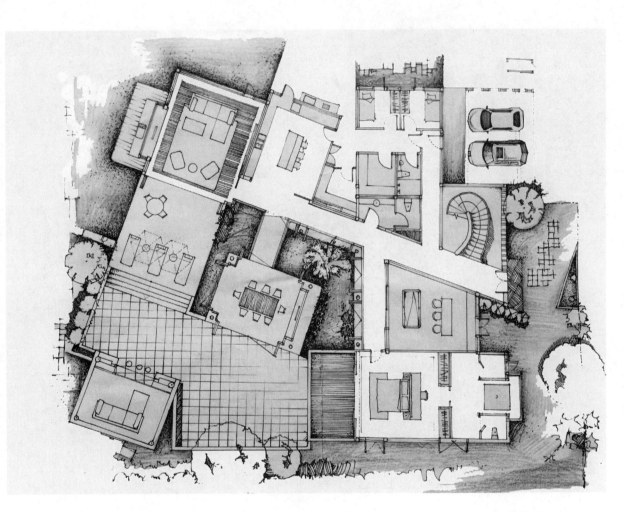

用彩铅画建筑周围草坪，建筑边缘部分的阴影颜色应当深一些，注意充分利用彩铅柔和的过渡效果

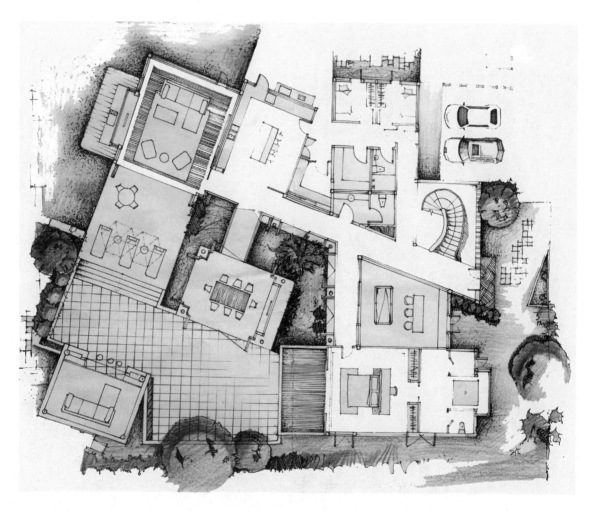

添加周边灌木和花卉的颜色，可以选择深绿、冷绿、黄色以及紫红色

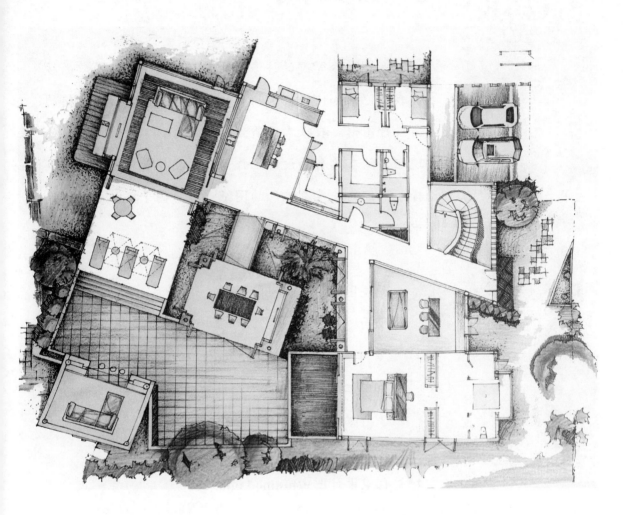

室内颜色要注意把握总体的黑白灰关系，在统一色调的基础上进行局部的变化

附录II
学生实例

　　西雅图艺术学院的许多学生同样运用了这种简单的技术。我教他们如何将一个简单的草图方案画成带有风格的复杂设计图形。我很幸运遇到一些优秀的学生设计师，他们现在仍然在各自的设计工作岗位上发挥着重要作用。我选择了他们的一些有特色的图纸，作为例子放入本书的附录中：

- 景观图由Lien Van设计
- 立面图：

  室内立面图由Seokman Ko设计

  室外立面图1由Lien Van设计

  室外立面图2由Lien Van设计
- 平面图由Seokman Ko设计
- 住宅设计图由Justine Loong设计

Lien Van

Seokman Ko

Lien Van

Lien Van

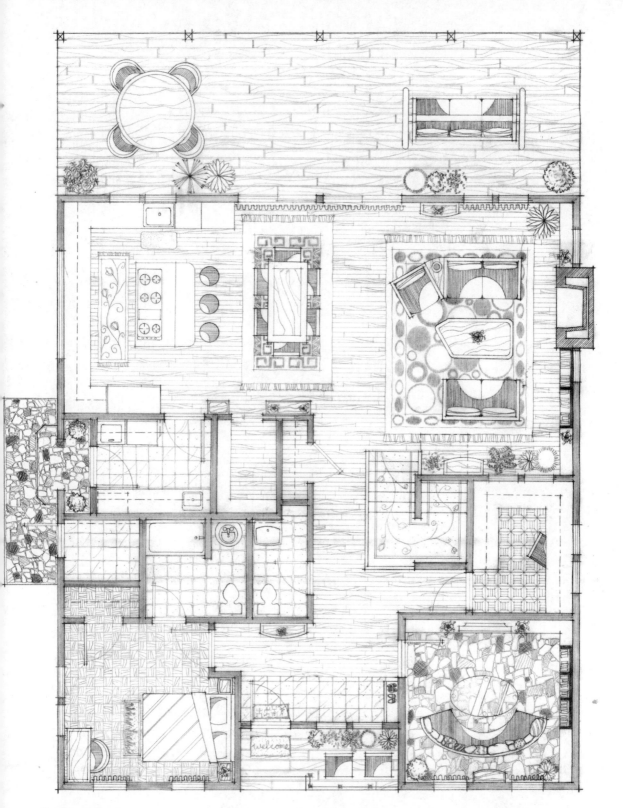

Seokman Ko

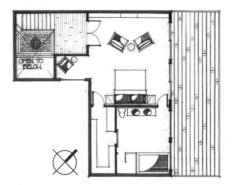

upper level

lower level

longitudinal section

Justine Loong

用简单的黑白和笔触，勾勒出简洁的中式建筑风格，注意图中的留白表现（吕伟良绘）

运用马克笔填色后的中式建筑环境表现图（吕伟良绘）

儿童嬉戏场地的素描表现，运用了一些时下流行的漫画表现技法（吕伟良绘）

运用马克笔填色后的儿童嬉戏场地（吕伟良绘）

室内设计手绘表现
线稿与马克笔技法

用单色表现建筑小品及其周围环境（吕伟良绘）

运用马克笔填色后的建筑小品（吕伟良绘）

现代风格客厅空间的手绘表现，通过加深暗部强调物体的转折关系（吕伟良绘）

运用马克笔填色后的现代风格客厅空间（吕伟良绘）

新中式风格的客厅手绘表现技法（吕伟良绘）

传统中式院落的素描表现（吕伟良绘）

室内设计手绘表现
线稿与马克笔技法

运用马克笔填色后的中式院落表现（吕伟良绘）

专业词汇

折叠门 accordion doors 堆叠并排的垂直面板。

壁龛 alcove 墙向内缩进一部分，有时用于展示艺术品。

人体测量学 anthropometrics 人体测量数据的比较和研究。

墙裙 apron 室内窗台下的横向装饰。

建筑师 architect 专业从事三维空间设计的人，并进行平面规划、室内设计和室外设计。

建筑元素 architectural elements 地板、天花板、门、窗、壁炉、墙壁、家具，以及其他室内装置或细节。

块毯 area rugs 地毯的一种类型，可以为交流定义一片区域。

阁楼 attic 天花板和屋顶之间的空间。

篷式天窗 awning window 天棚上的外开铰链窗。

轴测图 axonometric drawing 绘图类型，单一的以一定角度投射所有等长平面和立面线段的倾斜视图。

背景 background 图纸的组成部分，在趣味中心的后面。

背板 backsplash 工作台后面的区域，通常有4°到18°的倾斜角。

阳台 balcony 高出地面以上的露天平台，从内部或外部凸出。

栏杆柱 baluster 在导轨顶部和楼梯踏板或下轨之间使用的垂直元素。

扶手 bannister 带支撑柱的栏杆扶手，用在楼梯旁边。

无障碍设计 barrier-free design 一种设计方式，没有物理阻碍或障碍，允许在环境中自由运动。

低柜 base cabinets 位于厨房或其他房间的橱柜的下段，支持台面。

踢脚线 baseboard 各种不同材料的板，需覆盖墙壁连接地板的区域。

板条 batten 木材或金属钢带，用于遮挡板之间的垂直缝。

飘窗 bay window 向建筑物的外部伸出的窗口。

条纹板 beadboard 带有垂直条纹的木质护墙板。

梁 beam 支撑建筑负荷的水平结构构件。

承重墙 bearing wall 支持地面结构或屋顶荷载的墙。

折叠门 bifold door 叠在一起打开的门。

墨线图 black-line print 一种在灰色背景上的黑色线条表现图。

蓝图 blueprints 一种用于建筑施工的蓝色印刷图纸。

板条板 board and batten 使用狭长木条的护墙板技术，板条均匀地放置在一个木质壁板上。此技术最初是为隐藏垂直缝而设计的。

胸墙 breast 壁炉和烟囱的前部。

棕色线稿 brown-line print 与墨线图相同，但线是棕色的，也称为褐色打印。

气泡图 bubble diagram 设计程序的第一步骤，其中气泡代表的区域和空间将被设计成彼此接近的整体。

建筑规范 building code 联邦、州或地方颁布的有关建筑安全和健康的要求，以确保大众健康和福利，以及施工和入住期间的安全。

外圆角 bullnose 一种材料边缘的180°的倒圆角，通常用在木头或石头上，又称收口。

橱柜 cabinetry 精细加工的木质成品。

CAD/CADD 计算机辅助绘图/计算机辅助绘图和设计。

柱头 capital 支柱或柱的顶部装饰。

竖铰链窗 casement 铰接在一侧的窗。

平开窗 casement window 向外打开的铰链窗。

检修口 casing 在窗和门的周围，用于检修的开口。

教堂窗 cathedral window 三角形的角窗，设置在房间倾斜的天花板上。

护墙板 chair rail 贴在墙上的椅子靠背高度的装饰件或成品，一般放在椅背后面以保护墙面。

枝形吊灯 chandelier　一种吊顶安装的装饰灯具，一般用枝形架子支撑蜡烛或灯泡。

天窗 clerestory window　窗口位置在墙面上部的高窗。

柱 column　垂直结构或非结构构件。

组合窗 combination window　一种有一个部分是固定玻璃的窗。

圆规 compass　用于绘制圆形或曲线的绘图仪器。

混凝土 concrete　砾石、沙子、水泥和水的混合物。

枕梁 corbel　由砖石砌筑或木材加工而成的凸出部分，对墙体进行保护。

交叉影线 cross-hatching　一种用于创建视觉纹理的绘图技术，使用铅笔或钢笔画出叠加的交叉线条，通常看起来像是很多个"X"。这种技术经常被用于平面图的墙体填充上。

天棚线 crown molding　一种装饰线条，用在天花板和墙壁交界的地方。

拆除计划 demolition plan　一种绘制图纸，用来显示项目中要被淘汰的部分。

设计理念 design concept　可以解决实际问题的一种设计或设计思路，把不同的想法汇聚在一起，形成一个可行性的构思。

详图 detail drawing　详细描述一个设计概念的特定功能的比例图纸。

尺寸 dimensions　用来表示大小和距离的数值。

门框 door jamb　构成门开口的由水平构件保持在一起的内侧竖直线条。

门吸 door stop　一种用来保持门的开启或关闭状态的设备，或为了防止门的开口过大。

自由门 double action door　有两个开启方向的门，可以向内拉或向外推。

双层窗 double glaze window　带有两层玻璃的中空窗，可以减少窗户两面的热交换。

双悬窗 double hung window　有两个垂直滑动窗扇的窗户，每一个窗扇都可关闭窗口的一半。

草图 drafting　手绘的家具图、平面图、立面图、吊顶平面图和建筑细节图。

绘图板 drafting board　在手绘图纸时，放置纸张用的光滑木板，通常被设置成带有一定的倾斜角度。

草图刷 drafting brush　一把可以将你的绘图表面痕迹擦拭干净的刷子。

绘图仪 drafting machine　一种绘图仪器，就像人的手臂，可以用于画草图。

绘图桌 drafting table　一种多功能书桌，适用于任何类型的绘画、写作。可用来即兴在一张很大的纸上绘图，或用来阅读大尺寸的书或其他超大尺寸的文件，或用来绘制精致的专业插图。

图纸美化 dressing　一种素描绘画的艺术强化，可使设计理念得到进一步阐明。

复式插座 duplex outlet　有两个插头的电插座。

两截门 Dutch door　门的上半部分是空的，只可以独立闭合门的下半部分。

屋檐 eave　屋顶的下边缘延伸到外墙以外的部分。

电气平面图 electrical plan　一种经过设计的比例图，可以指示电路和电气元件的位置，包括开关和插座。

立面图 elevation　一种二维的正面比例图纸。

擦图片 erasing shield　一个小的金属模板，可以用来遮挡不想被擦除的区域，同时显示要擦除的区域。

人体工程学 ergonomics　研究人体运动以及人与功能空间关系的学科。

饰带 fascia　用于屋顶边缘的水平装饰板。

开窗 fenestration　窗户在墙壁上的位置设计和布局。

石板 flagstone　一种用于园林绿化地面或是室内设计墙面的平板砂岩。

平面图 floor plan　按比例绘制的顶视图，通常是1：20到1：500之间，用以说明墙体、窗户、电源插座和家具的位置等。

曲线板 French curve　一种用于绘制不规则曲线的绘图工具。

法式门 French doors　一种同一框架内的双扇对开玻璃门。

复斜屋顶 gambrel roof　屋顶有两个倾斜的侧面，较低的斜面坡度陡峭。

同轴连接 ganging　用来表示多个插座或开关并排安装。

指示线 guidelines　一种非常浅的线（经常使用4H铅笔画出），使字母和数字的书写排列整齐，也可以用作深色线的起稿。

硬木 hardwood　指阔叶木的木质产品或失去了叶子的树，如枫木、桦木、橡木、胡桃木。

甲板空间 head room　地面完成面和地面最低点之间的空间。

炉边 hearth　壁炉的底部平面，位于壁炉的内部或在壁炉的前面，经常被人为加高，当作座位使用。

粗实线 heavy line weight　一种重线（经常使用F铅笔绘制），表示最重要的指示线。

通风窗 hopper window　铰接在底部并向外打开的窗。

暖通空调 HVAC　供暖、通风、空调的缩写。

绝缘物 insulation　一种材料，用来阻碍冷热传递，或者声音从一个区域到另一个区域。

室内建筑学 interior architecture　指非住宅的室内设计，其中包括改建和建筑系统的工作。

室内立面图 interior elevation　一种建筑物的内壁或墙壁表面的直视图。

内饰 interior trim　建筑术语，用来表示所有的室内装饰线条和踢脚线。

爱奥尼柱式 Ionic column　古希腊古典建筑风格的柱式，带有卷曲状的柱头。

等角图 isometric drawing　一种与水平线成30°的投影图，给予所有可见的表面同等的重视程度；所有的竖线保持垂直，横线保持水平。

百叶窗 jalousie window　一种带有细长横向狭条窗格的窗户。

框 jamb　门口、窗口或其他结构元素的侧面和顶部内衬。

龙骨 joist　一种用于支撑地板或者天花板的水平结构组件。

分线盒 junction box　接电的容器盒，通常是为了将带电接点隐藏起来。

楼梯平台 landing　楼梯底部或者楼梯台阶间的平坦区域。

板条 lath　平行敷设的细条木，钉到建筑物的墙骨柱上。

条纹板 lathwork　带有细板条构造的面板或网格；经常被当作屏风或装饰元素使用。

格栅 lattice　由金属或木质条带面板交织而成，具有均匀间距的网格。

布局 layout　带有特定目的的典型性空间。

机械铅笔 lead-holder　一种用于绘制不同的铅笔线的装置，也被称为粗铅自动笔。

图例框 legend box　图纸上的特定区域，包含所用图形符号以及它们的定义。

线宽 line weight　手绘图纸的线的粗细和深浅。

过梁 lintel　位于门窗之上或柱子之间的水平构件。

遮阳板 louver　在百叶窗、幕墙或窗口上使用的水平板条，通过倾斜度来控制光线和空气的流动。

百叶门 louvered door　装有百叶窗面板的门。

泛光灯 luminaire　一种照明设备，由一个或多个电灯泡部件和布线单元组成。

壁炉架 mantel　壁炉口的上方和周围边缘部分。

砌筑体 masonry　建筑材料粘结在一起，形成一个结构元件。

材料成品样板 materials and finishes board　用来说明选择使用的特定设计材料和表面处理方式的样板。

自动铅笔 mechanical pencil　一种机械式的铅笔，用于绘图。

中等线 medium line weight　在绘图时，对次要元素使用的中等粗细的线。

抛光工作 millwork　对完成的木工产品或木质器物进行研磨处理，交付到施工现场。

装饰用嵌线 molding　覆盖梁或边缘的整齐加工件；造型简单或华丽的线脚。

竖框 mullion　在一个开敞的空间内划分区域的垂直件，用于窗户的形式划分。

窗格条 muntin　用于分隔玻璃窗扇的小型条。

硫酸纸 mylar　透明膜（纸）以显示层或不同的颜色，可以在任何给定的情况下使用。

端柱 newel post　楼梯扶手或栏杆的最后一部分的柱子。

楼梯前缘收口 nosing　楼梯踏面的倒圆棱边。

开放式空间方案 open floor plan　关于室内设计和建筑规划的概念，是一种摒弃墙壁、打开空间、体现设计感和灵活性的设计方案。

正投影图 orthographic drawings　见平面图、剖面图和立面图。

覆盖制图 overlay drafting　一种制图技术，指通过将描图纸逐层叠加的方法进行制图。

巴拉迪欧窗 palladian window　一种将窗口开在两旁的拱形窗。

镶板门 paneled door　一种由滑轨、门边木和嵌板组合而成的建筑细部。

平行尺 parallel rule　一种附于制图桌或制图板上的用于绘制水平线的电控校正装置，也可用于绘制三角形垂线。

镶花地板 parquet floor　以小矩形或方形排列代替长条形排列的硬木地板。

间隔墙 partition wall　用来划分空间的非承重内墙。

垂挂物 pendants　悬挂在天花板上比枝形吊灯小的

栅栏式饰物。

许可证 permit　由联邦政府或州、郡、地方部门颁发的批准在建筑中特殊施工的文件。

透视素描 perspective sketch　一种室内设计或室外空间的三维表现图，采用透视规律和消失点的方法绘制。

壁柱 pilaster　一种平直的、装饰性的柱体，同时也能提供结构支撑。

平面图 plan drawing　一种直接从正上方俯视按比例绘制出的二维图纸。

石膏板 plasterboard　由粉状石膏制成的石膏夹心纸板或灰泥板，用于室内墙体构造的收尾工作，又名纸面石膏板。

壁架 plate rail　一种用于展示装饰性盘子或小型装饰品的隔板，一般置于护墙板上方。

胶合板 plywood　一种由多层薄木片胶合在一起的木材。

Poché　在绘图时将一些特定的区域涂黑，以增强图纸的可读性；将建筑设计图纸的墙体填充黑色阴影，用来显示实体墙。

暗藏推拉门（伸缩门） pocket door　一种可以滑进隔间或嵌入墙壁从而隐藏在视野中的门。

桩 post　垂直放置的木质柱体结构。

强化剖析 profiling　将建筑平面图的轮廓加黑来对形状加以强调。

天花平面图 reflected ceiling plan　用于指示顶棚固定装置、横梁、瓷砖和插座位置的平面图。

渲染 rendering　专业用语，用来表示一份精心制作完成的图纸，适用于展示艺术家最终概念的成品透视图。

工程图复制 reproduction drafting　一种提升图纸绘制进程的复制方式。

复印技术 reprographics　所有二维原图复制技术的统称。

楼梯竖面 riser　楼梯两个踏板之间的垂直部分。

砂磨块 sandblock　木块上带有一片砂纸，用于将铅笔磨成楔形笔尖。

比例 scale　用缩小的图纸尺寸代表大一些的实际测量尺寸。比如：1∶100、1∶300等。

目录表 schedule　用于指示墙壁、地板及天花板的提示或图表（亦指门窗或灯饰及电器清单等）。

示意图 schematic drawings　手绘的用来表示区域间关系的草稿或示意图。

剖面图 section　把结构横切，用以展示内部结构元素的图纸。

烛台 sconce　一种固定在墙上的照明设施。

青瓦 shake shingles　木材制成的屋顶瓦，对宽度的要求不是很严格，一般会随时间被风化成灰色调。

斜棚 shed ceiling　一种只向一个方向倾斜的天花板。

屋面板瓦 shingles　木材、瓷砖或石棉纤维材质的部件，用为有一定角度屋顶的饰面材料。

施工图 shop drawings　由承包商、转包商或制造商准备的用来展示作业中装配细节的图纸。

基石 sill　一种在低处的开放的横穿底部的建筑结构。比如：门槛石、窗台板。

场地规划 site plans　显示建筑所在位置及占地规模的图纸，包括法定边界及其连接。

速写 sketch　在考虑某个空间的细节或展现某些想法时用到的一种快速粗略的草图。

底面 soffit　天花板挑檐的底面或其他建筑组件，如拱顶、阶梯或飞檐。通常用于装配照明器具。

空间规划 space planning　组织空间以满足某些条件的过程，适当分配空间来创造可实施的空间方案。

旋转楼梯 spiral staircase　类似螺旋工作方式的阶梯。

楼梯 stairway　带有缓步平台的一个或多个阶梯。

楼梯踏板 stair tread　阶梯的水平面。

点刻法 stipple　一种在图纸上通过用点来定义一个区域的制图技术。比如：指示图中地毯区域。

内窗台 stool　窗户下面的一种水平的内部装饰组件。

墙骨柱（立柱墙） studs (or stud wall)　构成主要墙体框架的垂直结构。

围饰 surround　用不易燃材料将开放式壁炉和墙壁或壁炉架分离。

技术图纸 technical drawings　通过楼层平面图、建筑三视图及细节图展示建筑细节。

工程图明细表 title block　图纸中罗列项目一般信息的部分——客户姓名、项目名称、日期及类型。

脚趾空间（脚尖空间） toe space (or toe kick)　橱柜底部的凹陷处。

踏步 tread　阶梯踩踏部分的水平面。

丁字尺 T-square　一种T形绘图工具，用于绘制水平线或用作三角板及其他线段的基准。

通用设计 universal design　一种进行设计和创造空

间的方法，可以使设计成果适用于所有的使用者，无论他们的年龄、身体尺寸和是否有残疾。

牛皮纸 vellum　很好的手绘图纸，比描图纸厚，经常用于演示图纸。

铅垂线 vertical lines　上下方向的线，使眼力判断得到提升，将严谨引入了室内。

壁板 wainscot　在室内墙面的较低部分安装的木质墙壁嵌板，完成后一般与墙面的上半部不同，例如，木质壁板搭配石膏墙。

盥洗室 water closet　一个包含手盆、浴室和马桶的房间。

窗台 windowsill　水平窗沿或是窗玻璃下面的隔板，通常是窗框的一部分。

施工图 working drawings　最终的图纸，用于投标或订立合同。

零间隙壁炉 zero clearance fireplace　一种壁炉装置，可以放在没有间隙的易燃墙内。